INVENTAIRE
S 25,255

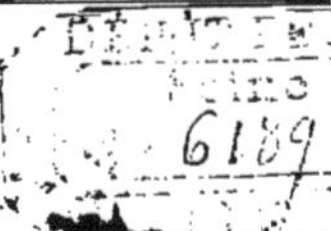

AF609555

ÉTUDE SUR LE PÉROU

DES

BÊTES A LAINE DES ANDES

ET DE LEUR ACCLIMATATION EN EUROPE,

DE LA TONTE DES ALPACAS

ET DU TRAFIC DES LAINES PAR LES INDIENS,

PAR

M. ÉMILE COLPAERT,

CHARGÉ D'UNE MISSION SCIENTIFIQUE DANS L'AMÉRIQUE DU SUD
PAR S. EXC. LE MINISTRE DE L'INSTRUCTION PUBLIQUE.

EXTRAIT EN PARTIE DU BULLETIN DE LA SOCIÉTÉ IMPÉRIALE D'ACCLIMATATION.
(Nos de janvier, mars, avril et mai 1864.)

PARIS

IMPRIMERIE DE E. MARTINET
RUE MIGNON, 2.

1864

ÉTUDE SUR LE PÉROU

DES BÊTES A LAINE DES ANDES

ET

DE LEUR ACCLIMATATION EN EUROPE

C.

ÉTUDE SUR LE PÉROU

DES

BÊTES A LAINE DES ANDES

ET DE LEUR ACCLIMATATION EN EUROPE,

DE LA TONTE DES ALPACAS

ET DU TRAFIC DES LAINES PAR LES INDIENS,

PAR

M. ÉMILE COLPAERT,

CHARGÉ D'UNE MISSION SCIENTIFIQUE DANS L'AMÉRIQUE DU SUD
PAR S. EXC. LE MINISTRE DE L'INSTRUCTION PUBLIQUE.

EXTRAIT EN PARTIE DU BULLETIN DE LA SOCIÉTÉ IMPÉRIALE D'ACCLIMATATION.

(Nos de janvier, mars, avril et mai 1864.)

PARIS

IMPRIMERIE DE E. MARTINET

RUE MIGNON, 2.

1864

BIBLIOTHÈQUE IMPÉRIALE

A SON EXCELLENCE

M. DROUYN DE LHUYS

Sénateur
Ministre des affaires étrangères
Président de la Société impériale zoologique d'acclimatation

HOMMAGE RESPECTUEUX

De son très-humble et très-obéissant serviteur,

ÉMILE COLPAERT.

Cuzco (Pérou), 1864.

ÉTUDE SUR LE PÉROU

NOTICE HISTORIQUE

Les peuples civilisés possèdent seuls des animaux domestiques, a écrit Buffon. A ce titre, nul doute que la race indienne du temps des Incas n'eût de riches troupeaux de bétail.

En effet, il suffit de jeter un coup d'œil sur les débris du vaste empire des descendants du Soleil, de remuer la cendre de leurs édifices en ruine, de fouiller la poussière de leurs sépulcres, de ranimer l'ombre de leur passé, pour se convaincre que ces peuples primitifs, qui ont bâti des merveilles, formaient une nation intelligente, active, laborieuse, possédant à un haut degré des aptitudes civilisatrices. Aussi, quand les Espagnols firent la conquête du Pérou, trouvèrent-ils l'immense contrée des Andes peuplée de Lamas et d'Alpacas, ruminants précieux et domestiques, qui, par la valeur de leur toison, la saveur fortifiante de leur chair et les services que les premiers rendaient au trafic et au commerce comme bêtes de somme, représentaient la véritable richesse des Indiens. Malheureusement ces magnifiques troupeaux ne trouvèrent point grâce devant les conquérants. Espéraient-ils, en détruisant cette race, retirer à l'Indien ses moyens de subsistance et de transport, et le soumettre plus facilement? C'est possible; mais il n'est pas moins vrai que l'esprit de destruction a laissé sur tous leurs actes son stigmate ineffaçable. Au lieu d'utiliser, en les multipliant, les merveilleux produits que leur offrait cette terre vierge, au lieu d'étudier les mœurs, les usages, la vie politique, la science agricole de ce peuple du nouveau monde, de respecter ses institutions, de les développer et de les améliorer au contact de notre civilisation européenne, ces fanatiques aventuriers de Pizarre, aveuglés par l'amour de l'or, sacrifièrent au désir insatiable de posséder cette richesse fictive tous les fruits et tous les bienfaits futurs de leur conquête. Les vaincus furent chargés de chaînes, les temples furent renversés, les idoles et les vases pillés, les moissons dévastées, les sépulcres des Incas violés, et bientôt il ne resta plus du florissant empire de Manco-Capac qu'un vaste champ de ruines et de carnage.

Pour échapper à cette guerre d'extermination, les Indiens durent se réfugier avec leurs troupeaux sur les sommets les plus déserts des Cordillères, emportant les restes de leurs trésors, qu'ils cherchaient à dérober ainsi à la cupidité des Espagnols ; ceux qui se laissaient prendre étaient massacrés, et les lameros et leurs lamas étaient obligés de ravitailler les camps et de fournir aux besoins et aux vivres des armées permanentes. Le nombre de ces animaux qui tombèrent accablés sous leurs charges, épuisés de fatigue, fut si considérable, que les routes étaient jonchées de leurs cadavres. Le sort des Alpacas ne fut pas meilleur, malgré la richesse que présente leur toison, car on les égorgeait à plaisir pour satisfaire aux délices de la table. Il est juste d'observer qu'à cette époque la race bovine était inconnue dans ces contrées, et que la chair et la cervelle de l'Alpaca, dont les Espagnols étaient très-friands, leur procuraient une nourriture substantielle et délectable. Mais le contraste n'en est pas moins frappant, car de tout temps, et même encore aujourd'hui, l'Indien professe pour son bétail un culte poussé jusqu'à la vénération. Aussi est-il facile de concevoir que, malgré le rétablissement des sages règlements de l'empire, remis plus tard en vigueur, malgré certaines lois protectrices, mais trop tardivement promulguées, tout ce qui reste aujourd'hui de ces ruminants des Andes n'est plus que l'ombre des innombrables troupeaux que possédaient les Indiens sous le règne des Incas.

Le voyageur qui parcourt maintenant ces belles plaines du Pérou, d'une fertilité incomparable, comme les vallées de Carabaya, se sent en proie à un pénible sentiment de tristesse et de regrets!... A chaque pas il rencontre la marque du passage d'une race forte et industrieuse, disparue du globe et qui n'a pas été remplacée. Partout où son regard se porte, le passé se dresse devant lui comme un éclatant témoignage de prospérité et de grandeur au milieu de ces vastes et profondes solitudes, de ces immenses contrées dépeuplées, abandonnées, sans récoltes, sans habitations, sans chemins praticables. A la vue de toutes ces ruines, frappé par tous ces contrastes, en présence de ce sol si riche, si fécond, où des moissons opulentes s'étalaient jadis au regard, et du misérable état dans lequel végètent et périclitent aujourd'hui le commerce, l'industrie et l'agriculture, le voyageur, affligé, indécis, se demande si la vieille Europe, en touchant, en bouleversant cette terre privilégiée, n'a point arrêté le libre essor de ses forces productives, et étouffé les germes de sa prospérité future et de son épanouissement naturel. Les secrets et les découvertes des Incas, les formules de leurs institutions et les conquêtes de leur civilisation, tout a été enseveli dans leur tombe, rien n'a survécu! Qui oserait affirmer que l'hécatombe de ce peuple primitif qui résumait en lui les idées et les vertus d'une nation sage et éclairée, dont le développement s'était produit loin des influences et des préjugés de notre continent, ne recèle dans cet ensevelissement général des documents précieux et des enseignements utiles dont la connaissance eût pu être profitable au perfectionnement de nos institutions modernes?

APERÇU GÉNÉRAL

C'est sur les versants des Cordillères, à plus de seize mille pieds d'altitude, dans ces pampas immenses, divisées entre elles par des mornes arides et des formations minérales de tous genres, que vivent, prospèrent et se propagent le Lama, l'Alpaca, la Vigogne et le Guanaco, toute cette espèce de ruminants originaires de l'Amérique méridionale.

A voir parfois ces animaux confondus sous les mêmes zones, paître dans les mêmes parages et sur les mêmes sommets, on serait tenté de croire qu'unis entre eux par les liens d'une communauté de caractère, de mœurs et de tempérament, la nature les a traités d'une manière uniforme, pourvus d'un même système organique, et qu'elle les a soumis aux mêmes appétits et aux mêmes infirmités. Cependant il n'en est point ainsi ; car il existe entre eux, malgré l'alliance d'une parenté intime, des différences physiques et morales très-sensibles. Ainsi les uns, le Lama et l'Alpaca, soumis de tout temps au joug de la domesticité, se plient facilement aux caprices d'un maître; tandis que les autres, au contraire, le Guanaco et la Vigogne, ne reconnaissent que la voix de la nature et n'obéissent qu'à l'instinct de la liberté. L'expérience a néanmoins prouvé que la Vigogne, voire même le Guanaco, étant apprivoisés dès leur enfance, sont susceptibles d'être domestiqués ; mais dans ce cas cette race ne se maintient jamais dans une prospérité aussi florissante qu'à l'état sauvage. La couleur des premiers varie comme celle de tous les animaux domestiques; celle des espèces sauvages reste fixe : fauve sur le dos et blanchâtre sous le ventre. Quelles différences aussi dans la longueur, l'abondance et la finesse de leur laine ! quelle différence encore dans la sensibilité de leurs organes ! Le Lama, par exemple, quoique habitant les régions froides et âpres des Andes, où il broute un gazon court et dru appelé l'*ycho*, peut néanmoins se passer de cette nourriture, descendre dans les plaines et supporter de longs trajets dans les vallées tempérées ; tandis que l'Alpaca et les espèces sauvages, qui recherchent les sommets les plus élevés et ne mangent de préférence, l'Alpaca surtout, qu'une petite herbe menue nommée *sora*, produit d'un sol marécageux, ne peuvent sortir de la sphère glaciale qui leur est habituelle sans encourir les plus graves dangers pour leur santé.

Depuis les années que je parcours dans tous les sens ce magnifique pays bouleversé par les révolutions des hommes et déchiré par les convulsions de la nature, j'ai rencontré des troupeaux entiers de Lamas chargés de marchandises, descendant les flancs de ces montagnes altières qui dressent jusque dans les nuages leurs escarpements de basalte couronnés de neiges éternelles, et j'ai vu ensuite ces mêmes troupeaux séjourner pendant quelque temps, au milieu des plus fortes chaleurs, tant à Lima qu'à Aréquipa et dans d'autres localités de la côte, sans qu'ils parussent trop accablés de ces changements de climat et de température.

Cependant je suis loin de croire que ces animaux se trouvent là dans un état normal, qu'ils pourraient y subsister et surtout y procréer. Je pense, au contraire, qu'un séjour trop prolongé leur deviendrait funeste, et j'attribue la cause du dépérissement qui ne tarderait pas à les frapper plutôt à la privation de leur herbe favorite et à la pesanteur de l'air qu'au changement de leur résidence ordinaire.

Mais si le Lama résiste aux fatigues de la route et aux variations atmosphériques à des degrés limités, il n'en est pas de même de l'Alpaca, infiniment plus délicat et sensiblement affecté du moindre déplacement, du plus petit écart imposé à ses habitudes. A mesure que cet animal s'éloigne des lieux qui lui sont propres, on voit se développer chez lui tous les signes extérieurs d'une souffrance morale et physique ; il perd l'appétit, il semble en proie au marasme, et se ressent bientôt des premiers symptômes de l'arestin ou *sarna*, espèce de lèpre fort dangereuse à laquelle il est très-sujet. Quand cette maladie n'est point combattue dès le principe, elle devient presque toujours mortelle. Les lameros la désignent sous le nom de *qjiqui*, et la guérissent au moyen d'un onguent composé de soufre, de suif et de noir de fumée. Le suif qu'ils emploient de préférence est celui qui provient de ces animaux mêmes.

Ce que je viens de dire de l'Alpaca peut s'appliquer également à la Vigogne et au Guanaco, qui se complaisent, le Guanaco principalement, sur les points culminants des Andes. L'air vif et glacial du nord, auquel leurs poumons s'habituent dès leur enfance, une raréfaction extrême de l'atmosphère, un terrain sec, nu, dur, couvert de neige et de givre, où pousse à peine un gramen palpable sur le sol, toute cette rigidité du ciel et toute cette âpreté de la terre semblent constituer les bases fondamentales de leur existence et de leur vitalité.

En résumant les faits de cette exposition sommaire, nous voyons que la famille des bêtes à laine de l'Amérique du Sud doit être divisée en deux catégories : le bétail domestique, représenté par le Lama et l'Alpaca, et les espèces sauvages, représentées par la Vigogne et le Guanaco.

LE LAMA

Animal domestique et bête de somme des Indiens

Diminuez d'un tiers la taille du Chameau, supprimez la bosse, allongez le cou ; donnez à la tête un air gracieux et dégagé, aux yeux un regard doux et pénétrant, au corps une allure plus souple et plus vive, et vous aurez devant vous la représentation du Lama.

La tête de cet animal est petite et bien formée, le cou long et élégant, le front carré, le museau un peu allongé. La lèvre supérieure est épaisse et fendue au milieu, et la lèvre inférieure légèrement pendante. La mâchoire inférieure possède seule, comme celle de tous les autres ruminants, des dents incisives, qui sont au nombre de quatre ; les molaires sont au nombre de vingt : cinq en haut et en bas de chaque côté des mâchoires. Ses yeux sont grands, bien ouverts et ont une expression langoureuse. Ses oreilles sont longues de quatre à cinq pouces, il les porte droites et légèrement inclinées en avant ; les Indiens les percent aux extrémités pour les orner de petites houppes de laine de couleur qui suivent les balancements coquets de la tête. Comme le Bœuf, le Lama a les pieds fendus. Quand un caillou aigu ou tranchant s'est glissé entre les cornes, on rapproche les deux doigts de pied, qu'on serre au moyen d'une corde ou d'une lanière de cuir. Les cornes des pieds sont lisses, noirâtres et longues au moins d'un pouce et demi. Seuls les Lamas possèdent au bas des jambes de derrière une espèce d'éperon, un crochet qui leur est d'une grande utilité comme point d'appui pour gravir les montées difficiles et rapides des Andes.

Le Lama porte dans toutes les positions, soit au repos, soit en marche, la queue droite et un peu relevée ; ce n'est que lorsqu'il est excédé de fatigue ou malade qu'il la tient basse et pendante. A peine grosse d'un pouce et demi à son origine, elle va s'amincissant en pointe, mesurant en tout sept ou huit pouces de longueur.

La fiente du Lama ressemble à celle de la Chèvre; les boulettes en sont plus volumineuses, et, dans toute la Sierra et les cantons minéraux, les Indiens l'emploient comme combustible sous le nom de *tacquia* (1). L'élévation du Lama, en y comprenant le cou et la tête, est d'environ six pieds et demi à sept pieds.

Cet animal a le membre génital recourbé en arrière et il jette l'eau dans le même sens. Cette conformation et la petitesse de l'orifice des parties génitales de la femelle rendent l'acte de la copulation fort difficile; il se passe souvent de longues heures en fatigues et en épuisements stériles avant qu'ils puissent s'unir, et presque toujours, pour abréger ces souffrances, la main de l'homme leur vient en aide et leur est souvent d'un secours indispensable. Il n'en est point de même chez les autres espèces congénères.

Le rut se fait sentir chez les Lamas du mois de février à fin de mai; la femelle provoque le mâle par des plaintes et des gémissements. A cette époque, la prudence commande de doubler le nombre des gardiens de troupeaux; car, aussitôt qu'un mâle cherche à accomplir le vœu de la nature, tous les autres animaux, surexcités par une même ardeur, accourent, se mettent de la partie, se ruent les uns sur les autres, et finissent par étouffer la femelle, accablée sous le nombre et victime de ces excès.

La femelle porte un an et fait rarement plus d'un petit à la fois; il suit sa mère aussitôt qu'il est né. La chair de la femelle récemment pleine est très-estimée, ainsi que celle du jeune Lama, qu'on nomme *cucho*.

Le Lama broute le jour et rumine la nuit. Ne possédant

(1) Un sac de tacquia de 37 kilogrammes vaut un réal (62 centimes); brûlée à fond, cette matière dégage beaucoup d'ammoniaque et donne 20 pour 100 de cendres renfermant 18 pour 100 de carbonate de chaux; le reste est silice et argile. Autrefois généralement employée au Cerro de Pasco pour les travaux métallurgiques, elle est remplacée aujourd'hui par le charbon de terre. Les Indiens seuls s'en servent encore.

aucune défense, sa mauvaise humeur s'exprime par l'envoi d'une salive verdâtre et puante qu'il crache à la figure de ses ennemis. Il est l'esclave et l'ami de l'Indien, et ce dernier, dont le caractère offre une grande analogie avec celui de l'animal, ne s'en approche jamais sans le prévenir par quelques paroles amicales.

Ce ruminant a la tête, le haut du corps, de la croupe et les parties postérieures des cuisses garnis d'un poil laineux dont la couleur, tirant sur le brun, varie, et devient plus claire et plus pâle sous le cou, sous la poitrine et sous le ventre. Au point de vue industriel, cet animal n'offre qu'un intérêt médiocre : son poil est roide, dur, et ne sert qu'à la fabrication des étoffes grossières portées par les Indiens ; mais au point de vue du travail, comme bête de charge, il rend dans son pays de grands et précieux services.

On ne se sert généralement que du Lama mâle comme bête de corvée ; la femelle fournit sa toison, et plus tard tous deux donnent leur chair qui est excellente à manger. Cependant lorsque la bête est vieille, elle ne se consomme plus qu'en *charqui*, c'est-à-dire coupée par morceaux ou lanières et exposée aux rayons du soleil, qui lui donnent une cuisson naturelle ; en cet état cette viande se conserve intacte pendant plusieurs semaines, surtout dans les régions froides de la Sierra.

Sans le Lama, l'Indien ne pourrait ni trafiquer, ni commercer ; il lui est aussi indispensable que le Chameau aux Arabes. Sobre et patient, doux et timide, il se laisse conduire avec la voix ; il transporte des fardeaux, soit de la Sierra à la côte, ou de la côte à la Sierra, sans occasionner ni frais de nourriture, ni dépense de harnais, ni soins d'aucune sorte.

Dans les grands voyages, tels que ceux de Puno ou de Cuzco à Aréquipa, qui représentent 150 lieues de France, la charge ordinaire du Lama est de quatre arobes, soit cent livres : quelquefois elle atteint cent vingt-cinq livres, mais alors c'est que la route est facile et le trajet plus court. Le principal trafic fait par les naturels du pays consiste en des échanges de denrées, de maïs, de *chunos*, de coca, etc., etc. Toutes ces marchandises sont enfermées dans des *costales*, ou sacs de cuir placés à califourchon sur le dos de l'animal, divisés en deux parties égales. La charge est recouverte d'une peau de mouton solidement arrimée au moyen de cordes ou de lanières de cuir, et fixée avec une habileté telle, que rarement, durant le parcours d'une journée, on est obligé d'y remettre la main. La laine est expédiée en petits ballots pressés, réunis les uns aux autres comme les *costales*.

La marche du Lama est grave et vigoureuse, son pas lent et mesuré, son pied sûr; il l'élève droit devant lui à une assez grande hauteur, et ne soulève l'autre que lorsque le premier a frappé le sol. Chemin faisant, il tient le cou levé, la tête droite, les oreilles en arrêt, ou bien il broute le long de la route, ce qui lui est assez habituel. Les caravanes de ces animaux porteurs ne se composent plus que de cinquante, cent et quelquefois deux cents bêtes; ce chiffre est insignifiant en comparaison des troupeaux voyageurs du temps des Incas, dont le nombre allait souvent bien au delà de mille. A la tête de la colonne marche le Lama conducteur; c'est lui qui guide la troupe à travers les défilés des Cordillères, et il obéit avec une merveilleuse ponctualité aux ordres qu'il reçoit de son maître. Ces ordres se traduisent par différentes intonations de voix, et il est curieux de voir avec quelle intelligence cet animal est parvenu à en saisir le sens.

La longueur d'une étape est généralement de six lieues par jour; le voyage se poursuit dans cette mesure pendant quatre ou cinq jours consécutifs, puis un repos forcé devient nécessaire pour rétablir les forces de l'animal qui souffre doublement des fatigues du trajet et des changements de température. Cette halte réparatrice varie de douze à vingt heures, suivant la difficulté du chemin et la pesanteur des bâts. Lorsque les Lamas arrivent dans la Puna à l'étape calculée, ils ont l'habitude de se jeter à terre et de se rouler comme les mules; mais, observation assez curieuse, ils n'exécutent leurs cabrioles que sur un terrain où déjà la veille ou quelques jours précédents d'autres Lamas sont venus se coucher (1).

(1) Ces endroits sont connus par les gardiens ou lameros, qui y conduisent par cela même leurs troupeaux.

Un convoi de Lamas ne se met jamais en marche sans être escorté par un huitième de bêtes en liberté : cette précaution a pour but de répartir les fardeaux en cas de besoin et de relayer les traînards en chemin. Car autant cet animal est doux, soumis, obéissant, dans les conditions normales de sa nature, autant il lutte avec obstination contre toute force qui le violente ou qui en abuse. Aussi, lorsque sous le poids d'un bât trop pesant, d'un labeur trop pénible, ce noble animal refuse d'avancer et se couche avec sa charge, on peut le considérer comme perdu : rarement les prières, les menaces ou les caresses sont capables de vaincre sa résistance ; la voix si familière de son gardien lui semble inconnue, et le son du *siblio*, sifflet de l'Indien, le trouve insensible. Dans cette triste extrémité, l'Indien épuise, mais presque toujours en vain, tout l'arsenal des mauvais traitements inventés par les hommes pour dompter les bêtes : les coups de pied, la bastonnade, le pincement des oreilles et des autres parties sensibles du corps se succèdent, mais rien n'y fait ; l'animal abattu regarde vaguement son bourreau et reste impassible ; il reçoit sans se plaindre, et comme une dernière insulte, une grêle de petits cailloux qu'on lui lance sans relâche à la tête, puis tout à coup, dans un muet désespoir qui ressemble à une protestation suprême, il se tue violemment lui-même en se frappant la tête contre le sol. C'est pour éviter ce malheur qu'un conducteur de Lamas n'entreprend jamais de longs voyages sans se munir d'un nombre suffisant de bêtes de rechange ; sitôt qu'un porteur fléchit, il le délivre de sa charge, qu'il transporte sur le dos d'un animal frais et dispos.

Semblables aux tribus arabes, les Indiens, en quittant leurs *ranchos* ou cabanes pour commencer une expédition lointaine, emmènent avec leurs troupeaux toute leur famille, femmes, enfants et jusqu'à leur chien, ce compagnon fidèle de l'homme dans le nouveau comme dans l'ancien monde. Une *purunga*, espèce de pot de terre cuite, et une cuiller de bois composent toute leur batterie de cuisine et tout leur service de table ; puis du *charqui* ou chair de Lama ou d'Alpaca séchée au soleil, des *chuños*, ou pommes de terre gelées, et du piment, constituent le fond de leur garde-manger. En marche, l'Indien ne cesse de mâcher des feuilles de coca, aliment favori auquel il ajoute un peu de chaux vive, et qui a la propriété d'entretenir ses forces au milieu des plus grandes privations. Le Lama conducteur tient la tête de la file, les autres suivent aveuglément ; l'Indien commande et surveille ; puis vient la famille et la mère portant ses petits. Parfois, lorsqu'un enfant la fatigue trop de son poids, le père attache celui-ci sur le dos d'un Lama tranquille, dont la docilité lui est connue et qu'il a soin néanmoins de tenir en laisse ; car c'est une erreur de croire, ainsi que l'ont avancé quelques auteurs sur le dire de certains voyageurs fantaisistes, que cet animal se laisse monter indistinctement par le premier cavalier venu. D'abord, matériellement, le fait est impossible : la plus lourde charge que le Lama puisse porter en plaine, et encore pendant un espace très-court, étant à peine de cent quarante à cent soixante livres; ensuite le caractère de cet animal ne se prêterait nullement à ce service insolite. Quoique parfaitement soumis à son maître, il prend souvent une contenance diamétralement opposée à l'égard d'un étranger qui le rudoie ou qui veut l'astreindre à une servitude contraire à ses habitudes ; dans ce cas, la bave de l'indignation ne se fait pas attendre, et cette salive âcre et abondante, qu'il lance si facilement, ne tarde pas à faire lever des ampoules sur les endroits de la peau qu'elle a touchés. Quoi qu'il en soit, moi qui ai tant cheminé par monts et par vaux à travers les Cordillères, je puis affirmer n'avoir jamais rencontré de Lamas remplissant les fonctions de monture de selle, mais, en revanche, en avoir vu plus d'un, excité par la colère, se défendre à coups de pieds plus vigoureusement lancés que les ruades d'une mule, et plus dangereux à cause de la conformation du pied, dont la corne entr'ouverte et tranchante blesse et déchire plus profondément.

L'ALPACA

Animal domestique des Indiens

L'Alpaca représente le deuxième type du bétail domestique des Indiens.

A peine plus grand, mais bien plus dodu et plus carré qu'un fort mouton de l'Europe, cet intéressant ruminant, à l'exception du bas des jambes, a le corps littéralement enseveli dans un épais manchon de laine à mèches longues et soyeuses. Sa tête, moins allongée mais plus large que celle du Lama, est noyée dans cette opulente fourrure, au milieu de laquelle les yeux se distinguent à peine. De loin l'Alpaca produit l'effet d'un ourson des Alpes. Sa petite taille, sa faiblesse musculaire, la délicatesse de son tempérament, n'ont pas permis de l'utiliser comme bête de travail. Il ne porte donc aucun fardeau, ne rend aucun service de corps ; mais en revanche il procure au commerce des Indiens une véritable richesse : il leur donne une robe laineuse magnifique, dont les poils mesurent au moins une longueur de 20 centimètres.

Le caractère de l'Alpaca est remarquable par son excessive bonté, par sa timidité naturelle et par son obéissance passive envers son maître. Cependant, quand la nature aiguillonne chez cet animal l'instinct de l'amour, il devient difficile à maîtriser ; une recrudescence de vitalité mêlée à des sentiments irascibles de jalousie et de méfiance s'emparent de tout son être. C'est au point que le pasteur, son compagnon d'habitude, devient un témoin gênant, un obstacle au milieu de ses jeux et de ses ébats, et que l'apparition d'une personne inconnue suffit pour jeter l'alarme et la confusion dans les troupeaux, car aussitôt chaque animal bondit à droite, à gauche, effarouché et remplissant l'air de ses cris inquiets.

Les Alpacas sont lascifs et passionnés, et leur jalousie est telle qu'ils s'entre-tueraient les uns les autres, si pendant la période des chaleurs, on n'avait soin, dans les *stancias*, de les séparer des femelles. Les mâles ont le membre génital arqué en arrière et répandent l'eau dans la même direction. Ils remplissent l'acte de la génération aussi facilement que les deux espèces sauvages, sans le secours d'aucun aide étranger. L'Indien use à leur égard à peu près des mêmes formalités qui sont pratiquées dans les haras; mais la manière de s'unir chez ces animaux est si curieuse, qu'elle mérite d'être rapportée. Dans un petit *rodeo*, ou enclos, où se trouvent attachées deux ou trois femelles, on introduit un mâle qui s'adresse immédiatement à l'une d'elles; aussitôt la femelle touchée plie sous elle les jambes de devant, puis allonge avec grâce et sans le moindre effort ses jambes de derrière dans toute leur étendue sur le sol: dans cette position, elle se prête admirablement bien au vœu de la nature, qui s'accomplit au milieu des soupirs et des gémissements des deux animaux.

La femelle est plus précoce que le mâle; dès l'âge de deux ans et demi elle est en état d'engendrer, et elle conserve sa fécondité jusqu'à l'âge de onze ans. Sa vie moyenne est de quatorze à quinze ans. Comme le Lama, elle porte un an, et ne fait ordinairement qu'un petit à la fois.

Il existe deux espèces d'Alpacas : l'Alpaca proprement dit, ou *Pacocha* (nom quichua), qui me paraît être sa véritable dénomination; et l'Alpaca *suri*, ainsi qu'on le désigne encore dans quelques provinces, mais plus généralement connu aujourd'hui sous le nom de *Chilena*.

Cette dernière espèce est moins répandue que l'Alpaca ou Pacocha ordinaire; elle a une toison moins fournie, mais la laine en est plus longue et frise en tire-bouchon depuis la racine jusqu'à l'extrémité. C'est à cette particularité que cette espèce doit son nom de *Chilena*. Les premières *pellones*, ou peaux de Mérinos teintes dont se servent les *Chilenos* pour monter à cheval, furent importées au Pérou du *Chili*. Ces pellones avaient le poil frisé et tourmenté de la même manière; or, comme quelque temps après on appliqúa au même usage la peau du *Suri*, on prit l'habitude, en souvenir des pellones du Chili, de désigner cet animal sous le nom de *Chilena*. Ces pellones sont très-recherchées et se vendent dans le pays même, soit à Puño, soit au Cuzco, de 35 à 50 piastres; en monnaie française, de 175 à 250 francs.

Une toison de Chilena fournit toujours une plus grande quantité de laine que celle d'un Alpaca ordinaire. Une coupe vierge de chacune de ces espèces, arrivées au même degré de croissance et de développement, produirait une différence de poids comme 12 est à 14 en faveur du Chilena; mais il est rare que la toison d'un de ces animaux atteigne 5 à 6 livres. Ce chiffre déjà dépasse la réalité. Après chaque tonte, il faut compter de deux ans et demi à trois ans pour obtenir une nouvelle toison repoussée à son maximum de croissance.

LA VIGOGNE

Espèce sauvage

Des deux espèces sauvages, la Vigogne est la plus intéressante. Sa figure rappelle celle du Lama, mais elle en diffère par une taille moins élevée, un museau plus ramassé et par la couleur de sa robe. Ses pieds sont fourchus comme ceux de la race bovine, et ses jambes de devant sont relativement moins longues que celles de derrière. Malgré cela, ce charmant animal a un air plein de fierté et de finesse, et sa tête vive et gracieuse, ornée d'oreilles droites, fines et pointues, est portée sur un col mince, long et flexible avec beaucoup d'élégance. Sa lèvre supérieure, fendue comme celle du Lama, démasque les incisives de la mâchoire inférieure. Son œil est noir, grand, ouvert, ombragé sous de longs cils et d'une expression de langueur indéfinissable. L'impression que le regard de la Vigogne produit sur l'Indien est telle, qu'il lui attribue un charme mystérieux : tantôt il le compare au regard de la femme qu'il aime ; d'autres fois il regrette de ne pas avoir lui-même dans la prunelle ce pouvoir magnétique pour captiver un cœur rebelle ; témoin cette chanson entre mille que je prends au hasard :

Wicunachus cayman arcopis sayaiman
Sapapasactiquis ecaguapayay quiman (1).

Quoique d'une timidité excessive, la Vigogne est moins farouche que le Guanaco, mais plus peureuse que lui en pré-

(1) « Si j'étais Vigogne, je t'attendrais au détour du chemin, et à chaque fois que tu passerais je te lancerais un regard. »

sence du danger. On remarque qu'elle recherche de préférence les monticules qui dominent les alentours, où elle se pose en sentinelle, l'oreille aux aguets. De cet observatoire elle examine tout ce qui se passe autour d'elle. Quelquefois, mais rarement, elle broute dans les chemins frayés des Cordillères. Il m'est arrivé cependant, dans mes courses, d'en rencontrer devant moi à moins de vingt-cinq pas de distance; mais ces rencontres toutes fortuites sont l'effet du hasard et de la surprise : il faut qu'un pli du terrain, un coude de la route, ou un sentier encaissé ait favorisé l'approche imprévue du voyageur. Aussitôt qu'une Vigogne postée en éclaireur sur un point culminant du paysage aperçoit une figure étrangère, elle donne le signal de l'alerte aux autres Vigognes éparpillées, et toutes disparaissent bientôt dans les gorges des montagnes.

En plaine, la Vigogne est plus rassurée; aussitôt qu'à sa vue un objet inconnu se présente, elle s'arrête, regarde fixement sans manifester ni crainte ni joie, allonge un peu la tête, fait quelques pas en avant; puis lorsqu'elle craint un danger réel, elle rebrousse chemin, redresse le cou, jette un cri d'alarme assez semblable au hennissement d'un jeune cheval et part au galop. Lorsqu'elles sont réunies en troupeau, les femelles poussent devant elles leurs petits, tandis que le mâle reste en arrière pour protéger leur retraite. L'œil braqué sur l'ennemi, il continue de prévenir les siens de l'approche du danger par un redoublement de voix, jusqu'à ce que lui-même, prenant la fuite, coure les rejoindre et disparaisse à son tour.

Cependant la curiosité instinctive de ces animaux leur est souvent funeste, car lorsqu'un plomb meurtrier vient à abattre un des leurs et à mettre le troupeau en déroute, bientôt les fuyards, oubliant le danger qui les menaçait, reviennent sur leurs pas, recherchent la Vigogne abattue, la flairent, l'examinent, comme s'ils voulaient se rendre compte de la cause de sa mort, ce qui permet au chasseur expérimenté de faire une nouvelle victime.

C'est à tort que l'auteur espagnol, Garcilaso de la Vega, et depuis d'autres écrivains ont prétendu que la course de la Vigogne était plus rapide que celle d'un lévrier; son galop n'est au contraire qu'une allure de chasse, et tout bon chien accoutumé au pays peut l'atteindre en plaine ou en descente. Mais il n'en est pas de même dans les montées, où la Vigogne acquiert un avantage incontestable, dû à la conformation particulière de ses jambes de devant. En effet, ces jambes, étant plus courtes relativement que celles de derrière, inclinent naturellement le poids du corps en avant, ce qui lui donne l'avantage de pouvoir gravir les collines avec moins d'efforts et de fatigues, et une moins vive excitation des organes respiratoires que les autres quadrupèdes. En raison de sa taille plus élancée, le Guanaco court avec plus de rapidité que la Vigogne, et partage avec elle le privilége de conserver presque autant de vitesse dans les côtes qu'en plaine. Aussi, lorsque les Indiens font la chasse à ces animaux, cherchent-ils avant tout à leur couper la retraite des montagnes au moyen de chiens dressés à cet usage ; puis, lorsqu'ils les tiennent traqués dans les pampas ou les plaines, ils leur livrent un steeple-chase désordonné qui amène souvent pour résultat la prise de la bête.

Les Vigognes ont l'habitude de choisir les mêmes endroits pour satisfaire aux besoins de la nature : c'est le plus souvent le bas-fond d'une colline qui est l'objet de leur préférence et où elles procèdent ordinairement aux deux nécessités à la fois. Les Indiens recherchent ces pistes, se mettent en embuscade, attendent patiemment le retour du gibier, qui dans cette position rarement leur échappe.

Les Vigognes sont encore plus lascives et plus ombrageuses que l'Alpaca ; les mâles surtout, en présence des femelles, sont d'une jalousie insupportable les uns envers les autres. A la vue d'un rival, le sultan d'un troupeau, avant que ce concurrent ait rien pu entreprendre, l'attaque, le poursuit, lui livre un combat à outrance, qui ne cesse qu'à l'expulsion ou à la mort de l'un des deux. Il résulte de là qu'un troupeau de Vigognes, fût-il composé de cent et même de deux cents femelles, est placé sous la conduite et la volonté absolue d'un seul maître. Cependant, comme les forces physiques ont leurs limites et que la nature a ses caprices, il arrive fréquemment qu'une femelle, mécontente et négligée, émigre, abandonne ses compagnes et court à l'aventure à la recherche d'un nouveau maître.

Les mâles isolés, privés de femelles, rôdent autour des troupeaux et mettent instinctivement en pratique cet axiome : « L'union fait la force. » Ils se groupent, se coalisent, et fondent d'un commun accord sur un chef à la tête de son sérail. Après la défense ou la fuite de celui-ci, qui seul ne peut résister à une invasion de ce genre, chacun des combattants emmène, comme droit de conquête, plusieurs femelles, et bientôt le troupeau se trouve divisé en autant de bandes que le sort a désigné de vainqueurs. Mais les vaincus ne tardent pas à se rejoindre ; on rencontre parfois des caravanes entières composées de ces mâles fuyards et dépossédés errant à l'aventure, à l'affût d'une occasion propice pour reconquérir leur bien. On peut conclure de là que les Vigognes, dont le tempérament n'est soumis dans leur existence sauvage à aucune époque fixe pour ressentir les atteintes de la chaleur, vivent dans un état permanent de luttes, de défenses et de combats ayant pour mobile la possession des femelles.

La couleur naturelle de la laine de la Vigogne, qui est moins longue, mais plus fournie que celle du Lama, est café clair sur le dos et fauve clair sous le ventre ; mais cette couleur n'est point parfaitement fixe, car, dans les opérations qu'on lui fait subir, elle s'altère et passe au rose pâle. La partie de la toison la plus estimée est celle du dos, depuis la naissance du cou jusqu'à la queue ; après vient celle des côtes, qui est toujours plus longue. L'encolure, le devant du poitrail et le revers des cuisses sont couverts d'une laine âpre et dure, une sorte de crin qui atteint parfois de 20 à 25 centimètres de longueur. Autrefois on rejetait ces poils, qui sont d'une blancheur invariable ; mais aujourd'hui on les emploie dans certains endroits à la fabrication des pellones, qui servent de couvre-selle dans toute l'Amérique pour monter à cheval. La Vigogne a la poitrine garnie d'une espèce de duvet, poil follet, et l'abdomen entièrement nu.

La longueur ordinaire de la laine de la Vigogne dépasse

rarement 6 centimètres; elle croît néanmoins plus longue chez l'animal qui habite constamment les régions glaciales des Cordillères. Cette laine recroît à sa première longueur, qu'elle n'excède jamais, après deux ans et demi de coupe, et le poil de la deuxième comme celui de la troisième tonte sont aussi fins, aussi beaux, aussi soyeux que celui de la coupe vierge. Le contraire a lieu chez une espèce croisée, appelée *Paco vicuña* (produit de l'Alpaca et de la Vigogne), dont il sera question plus loin, et dont la laine, après la tonte vierge, s'épaissit et durcit à chaque nouvelle coupe. Cette remarque est le fruit d'expériences faites en 1859 par M. Arias, alors sous-préfet de la province de Carabaya, qui parvint à élever plusieurs Vigognes à l'état de domesticité.

Il est fort rare que les Indiens conservent ces animaux vivants : généralement aussitôt pris, aussitôt écorchés. Ils les dépouillent, vendent la peau, et mangent la chair, soit fraîche ou soit séchée au soleil : en ce dernier état, on lui donne le nom de *charqui*. La chair fraîche d'une jeune Vigogne, ainsi que celle d'une femelle récemment pleine, est un mets délectable ; mais comme cette viande est excessivement froide, on doit l'assaisonner avec force piment, pour la rendre moins indigeste.

Une peau de Vigogne donne en moyenne de six à sept onces de laine choisie, mais il faut que ce soit une peau de femelle, car celle du mâle n'en produit guère que cinq. Au Cuzco, les peaux se vendent de 3 fr. 75 c. à 5 francs pièce, suivant la saison. On fabrique dans le pays, avec la laine des Vigognes, une foule de petits ouvrages et des vêtements de prix, des mouchoirs de tête, des bonnets de nuit, des escarcelles bariolées de couleurs et qui représentent un Indien ou une Indienne, des *frazadas* ou couvertures, des descentes de lit, des *punchos* ou petits manteaux très-estimés, etc. Cette laine est également employée dans la confection des chapeaux (*monteras*). Ce fut un Français qui parvint un des premiers à faire le sécrétage du poil d'une manière convenable à cette fabrication, et cette industrie procure encore aujourd'hui de gros bénéfices ; car, en supposant qu'une peau de Vigogne revienne, terme moyen, à 7 réaux, soit 4 fr. 40 c., et qu'il en faille trois pour fabriquer cinq chapeaux, ces derniers, se vendant au prix courant de 6 à 7 piastres, soit 30 ou 35 francs pièce, donnent pour produit de 150 à 175 francs, tandis que l'achat de la matière première, des trois peaux de Vigogne, n'a coûté en réalité que 13 fr. 20 c. Mais de ce bénéfice il faut déduire les frais de main-d'œuvre, s'élevant au moins à 5 francs par chapeau, et le coût du change (environ 33 pour 100) qui frappe la monnaie péruvienne à sa sortie du territoire. Ce commerce est très-restreint par suite du peu de consommation de cet article, qui ne mérite certes pas, malgré ses résultats apparents, de fixer l'attention de nos fabricants d'Europe.

Il ne s'exporte en Europe qu'une très-faible quantité de laine de Vigogne. Des spéculateurs ont fait néanmoins aux marchands de la Sierra des propositions très-avantageuses, jusqu'à 1000 francs le quintal rendu à Aréquipa; mais personne n'a osé les accepter, ni prendre d'engagement de cette nature, à cause des fortes dépenses que la chasse aux Vigognes occasionne, et des difficultés de se procurer une quantité suffisante de cette laine pour établir un commerce suivi et lucratif.

Voici le système employé par les Indiens pour tirer de la peau des Vigognes les brins de laine dans toute leur longueur, sans détériorer le cuir de l'animal. Ils font chauffer une grosse pierre à 50 ou 55 degrés, car plus chaude elle ferait crisper le cuir; puis ils mouillent légèrement la peau du côté opposé à la laine, et placent ensuite toute cette superficie humide sur la pierre : bientôt l'action de la chaleur, en dilatant les pores du tissu cellulaire, leur permet, au bout de cinq à dix minutes, d'enlever la laine dans tout son développement avec la plus grande facilité.

LE GUANACO

Espèce sauvage

Le Huanaco ou Guanaco forme la deuxième espèce sauvage. Après tout ce que nous avons écrit, et pour éviter des redites oiseuses, il me suffira de signaler quelques traits saillants de cet animal, dont la conformation du corps et des organes génitaux, les mœurs et les habitudes présentent de grands points de ressemblance avec la Vigogne.

Plus grand, plus fort et plus agile qu'elle, le Guanaco habite presque constamment des régions inaccessibles, au milieu des glaces et des neiges, et son caractère semble emprunter à cette façon de vivre quelque chose de plus farouche et de plus sauvage. Méfiant et rusé, il se tient toujours à distance de l'homme ; rarement on le voit descendre les flancs des Cordillères et s'ébattre dans les pampas tempérées. Quelques écrivains ont avancé qu'aussitôt qu'il s'y hasarde, les tribus indiennes lui livrent une chasse sans merci ; qu'ils l'attaquent avec la fronde et le fusil, tandis que leurs chiens, dressés à cet exercice, le poursuivent à perte d'haleine en cherchant à lui couper la retraite des *cerros*, que sa chair est excellente et sa peau très-estimée, et qu'enfin les indigènes s'en font un manteau inusable d'une seule pièce. C'est une erreur profonde, et je tiens d'autant plus à la rectifier que, par suite d'une omission de copie, dans la première édition de cette étude parue en mars 1864 dans le *Bulletin de la Société impériale d'acclimatation*, on me fait commettre la même faute. Je constate donc que les Indiens ne font aucune chasse particulière aux Guanacos ; ils se contentent de les tirer lorsqu'ils chassent en règle les Vigognes, espèce trois fois plus nombreuse que l'autre, et jamais autrement, à de rares exceptions près. L'indolence et la paresse des Indiens sont trop endémiques à leur caractère, pour que l'appât d'une peau de cet animal les décide à braver les peines et les fatigues d'une expédition de ce genre. Je dois ajouter que jamais je n'ai rencontré un seul indigène revêtu d'un manteau en peau de Guanaco d'une seule pièce. Tout ce qui reste de vrai de ce qui a été dit à ce sujet, c'est que la chair de ce ruminant est bonne à manger, comme celle de ses congénères.

Industriellement parlant, la toison du Guanaco n'offre qu'un intérêt secondaire : d'une couleur fauve invariable, elle est bien moins prisée que celle de l'Alpaca, quoiqu'elle soit d'une qualité supérieure, et même plus douce et plus soyeuse que celle de la Vigogne. Malheureusement les poils de cette laine sont entremêlés d'une espèce de crins durs, intraitables, qui exigeraient un travail long, minutieux, sans fin, pour les épiler poil par poil et en débarrasser la toison. Malgré cet inconvénient, et quoique la longueur de la laine n'excède pas 4 centimètres, une peau de Guanaco, telle qu'elle, se vend, au Cuzco, 10 réaux, soit 6 fr. 25 c. La laine pure qu'on en retire pèse de 5 à 6 onces, de sorte qu'un quintal de laine choisie de Guanaco reviendrait dans le pays même à 1772 fr. 50 c.

Cet animal a la taille svelte et élancée ; sa tête est fine ; ses oreilles, vives et alertes, se dressent au moindre bruit. Il a le museau pointu et noir, l'abdomen garni de poils blanchâtres. Il est sans cornes et sans défenses, ainsi que les autres espèces congénères avec lesquelles il partage les particularités que nous avons signalées. Nature remuante, pétulante, inquiète, indocile et vagabonde, voilà son caractère. Il fuit à l'approche du danger; mais lorsqu'il se trouve acculé dans un piége, il lutte et se défend. Il franchit aisément les obstacles et se lance avec une grande vitesse. La Vigogne, au contraire, reste paralysée à la vue d'une simple corde tendue devant elle, la peur lui ôte tous ses moyens d'agir, et dans cet état elle se laisse prendre comme un mouton.

LE PACO-VICUNA

Métis

Il y a environ seize ans, c'était en 1847, un curé péruvien, nommé Jean-Paul Cabrera, desservant le petit pueblo de Macusani, dans la province de Carabaya, département de Puño, conçut l'ingénieuse idée de faire croiser l'Alpaca avec la Vigogne, afin d'obtenir une nouvelle espèce de bête à laine. Cette expérience réussit au delà de toute prévision, et la progéniture issue de cet accouplement, à laquelle on a donné le nom de *Paco-Vicuña* (dérivation de Pacocha et de Vigogne), est aujourd'hui l'objet d'une étude spéciale dans toute la contrée.

Le congrès péruvien, voulant reconnaître l'immense service industriel rendu par l'initiative et les soins de ce modeste curé de village, décréta, dans sa séance du 7 janvier 1848, qu'une pension de cinquante piastres, soit 250 francs par mois, prélevé sur les fonds publics de la province de Carabaya, lui serait allouée sa vie durant. Plus loin je donne le texte même de ce décret que j'ai copié littéralement.

Les nouveaux essais qui ont été faits depuis la découverte du curé de Macusani ont démontré que l'Alpaca mâle s'unit aussi bien avec la Vigogne femelle que le mâle de cette dernière avec la femelle de l'Alpaca. Néanmoins on préfère la première manière, parce qu'on a remarqué que le père donne au métis la couleur de sa robe. La raison de cette préférence est facile à concevoir : le pelage de la Vigogne est toujours café clair, tandis que celui de l'Alpaca, variant de teintes et de nuances, permet de choisir les toisons les plus blanches, qui sont par ce fait les plus propres aux opérations de teinture et les plus recherchées par les industriels.

Les Paco-Vicuñas procréent également entre eux, mais leurs produits n'ont point répondu à l'attente générale : cette race semble frappée d'une dégénération originelle, car une altération très-sensible dans la qualité de leurs toisons marque chaque génération nouvelle. Leur laine si douce s'épaissit à mesure, et finit par ne plus représenter qu'un assemblage de crins rébarbatifs pareils aux plus rudes poils de Guanaco. Et, remarque assez curieuse, c'est que le même phénomène se produit, mais d'une façon moins sensible, à chaque nouvelle tonte opérée sur le Paco-Vicuña même, premier issu du croisement : ainsi la coupe vierge de cet animal donne une laine fine, soyeuse et souple, presque supérieure à celle de la Vigogne ; la deuxième coupe perd en finesse et en qualité ; la troisième durcit encore, et ainsi de suite jusqu'à ce que la laine arrive à n'être plus bonne à rien. Cet abâtardissement oblige en quelque sorte les éleveurs de cette nouvelle espèce à avoir recours au dernier moyen pour sauvegarder leurs intérêts, c'est-à-dire à tuer ce bétail au bout de quelques tontes, afin de profiter de sa chair, qui est très-appréciée, quand l'élève n'est pas trop vieux.

La longueur de la laine du Paco-Vicuña premier produit représente la moyenne entre celle de l'Alpaca et celle de la Vigogne, qui est beaucoup plus courte. La configuration de sa tête ressemble à celle de l'Alpaca : une boule de laine au milieu de laquelle on aperçoit deux yeux expressifs et le regard langoureux de la Vigogne.

Le propriétaire actuel de la caste originaire, héritage du curé Cabrera, qui est mort il y a quelques années, est M. Mariano Riquelmé, son parent. Beaucoup d'autres personnes notables du pays ont imité l'exemple de cet innovateur, parmi lesquelles il convient de citer M. Santos Aragon, qui se livre à la propagation de cette nouvelle et intéressante espèce avec un zèle et une ardeur infatigables.

Voici, pour finir, la copie textuelle du décret promulgué au bénéfice du curé Jean-Paul Cabrera, dont j'ai parlé plus haut :

CONGRESO PERUANO.

Lima, le 7 de enero 1848.

Excellentissimo Señor (le Président de la République),

El congreso Peruano en vista del expediente que el ezecutivo sometio a su conocimiento, por conducto del ministerio de Gobierno con nota 9 de agosto ultimo, ha resuelto : que se asigne al presbitero D. J. P. Cabrera y a su hermana Catalina Cabrera, cinquante pesos mensuales abonables por mitad a cada uno, de los fondos de la provincia de Carabaya, en premio de la importante mejora que han proporcionado al pais, en la produccion de las lanas de buena calidad cruzando las Vicuñas y Pacochas.

Lo communicamos à V. E. para su intelligencia y fines consiguientes.

Dios guarde V. E., etc.

Manuel SALAZAR,
Presidente del Senado.

Jose Isidro BONIFAX,
Presidente de la camara de Diputados.

LA CHASSE AUX VIGOGNES

PAR LES INDIENS

Sous le règne des Incas, la chasse aux bêtes sauvages était le privilége de la couronne dans toute l'étendue de l'empire. Nul ne pouvait user de ce droit sans une permission spéciale du souverain, et des lois très-sévères punissaient les contrevenants. A certaines époques de l'année, l'Inca désignait un rendez-vous de chasse; il en prescrivait à l'avance les limites territoriales, qui ne pouvaient être franchies; puis, au jour indiqué, il partait triomphalement, accompagné d'une population tout entière à ses ordres, composée, suivant le dire de certains historiens, de plusieurs milliers d'hommes.

Le but de ces chasses était de se procurer la toison des animaux qu'on cherchait à prendre vivants, qu'on tondait sur place, et qu'on laissait ensuite en liberté, s'ils n'étaient hors d'âge. La peau du Guanaco et la chair des victimes étaient attribuées comme un trophée au peuple, mais la laine précieuse des Vigognes appartenait à l'Inca. Suivant Garcilaso de la Vega, le manteau impérial était tissé avec cette laine, dans laquelle étaient entremêlés avec beaucoup d'art des filaments d'or et d'argent si finement travaillés, qu'ils n'ôtaient rien à la souplesse et à l'élasticité du vêtement. Mais le même auteur se trompe quand il prétend que la laine de la Vigogne était réservée exclusivement à l'usage de l'Inca et des personnes de sang royal, et que nulle autre personne ne pouvait s'en vêtir sous peine de mort. Les découvertes que l'on a faites dans les sépulcres indiens, où plusieurs momies ont été trouvées la tête enveloppée dans *una uncuna*, espèce de mouchoir tissé avec de la pure laine de Vigogne et parfaitement conservé depuis des siècles, prouvent le contraire.

Aujourd'hui on chasse encore la Vigogne, mais le cadre de ces fêtes superbes des temps anciens est infiniment plus modeste. Néanmoins cette chasse a conservé quelque chose de l'originalité et de la mise en scène de son origine, qui lui donne un cachet particulier et qui mérite une description.

La chasse aux Vigognes a lieu généralement à l'approche d'une des grandes solennités de l'année. Le gouverneur du district convoque un nombre plus ou moins considérable d'Indiens soumis aveuglément à sa volonté; il leur indique un lieu de présence, et au jour et à l'heure indiqués, il se trouve en campagne avec cent à cent cinquante hommes accompagnés chacun de leurs *galgos*, espèce de chiens semblables à nos lévriers d'Europe, mais dont la taille est moins élevée. Une partie de cette troupe est munie de fusils, une autre de tambours et de clairons de fer-blanc, tandis qu'une troisième tient en main un bâton autour duquel est enroulée une corde solide, longue de 80 à 100 mètres, et marquée de distance en distance d'une petite banderole rouge, sorte de pavillon destiné à servir d'épouvantail au gibier.

Arrivée sur le terrain de manœuvre, toute la troupe se divise et se déploie : les tambours et les clairons s'éparpillent dans les alentours ; les *bâtonnistes* forment, à l'aide de leur corde appelée en quichua *llipfi*, un cercle immense qui mesure parfois plusieurs lieues d'étendue, et vers le centre duquel chacun pousse et dirige toutes les Vigognes débusquées; puis les chasseurs, armés de fusils, prennent position, et s'arrangent de manière à pouvoir ajuster dans l'intérieur de l'enceinte et en défendre l'entrée aux redoutables Guanacos.

Tout à coup le signal est donné : le tambour bat, les clairons sonnent, les chiens aboient, les Indiens crient, et la barrière de corde, comme un rempart mobile, s'ébranle, s'avance et se resserre à pas mesurés... C'est un vacarme infernal qui trouble le silence des profondes solitudes, et qui jette l'alarme parmi la gent paisible des montagnes d'alentour ! En un instant toutes les hauteurs sont couvertes de Vigognes : sentinelles inquiètes et effarées, elles écoutent, immobiles, les oreilles frémissantes, cette musique effroyable entrecoupée de coups de fusil et d'aboiements de chiens. Mais les hurlements approchent, elles fuient ! Elles s'élancent au hasard, cherchant un passage, une issue. Tout à coup elles s'arrêtent : les banderoles de laine de la corde, agitées par le vent, les glacent d'épouvante ; elles font volte-face, rebroussent chemin, bondissent au milieu des chiens, gagnent l'autre extrémité de l'enceinte, rencontrent les mêmes obstacles, se détournent de nouveau, reviennent sur leurs pas, et recommencent jusqu'à l'épuisement, éperdues et haletantes, cette course vertigineuse !... Cependant la barrière aux épouvantails, qui leur semble infranchissable, se rétrécit de plus en plus ; l'espace va leur manquer !... leur poitrine se resserre !... Elles tentent un dérnier effort, les voilà parties !... Mais soudain elles s'arrêtent pétrifiées : leur poitrail vient de heurter contre la corde tendue, et ce faible choc les a immobilisées, anéanties sur place. Leur imagination est frappée d'une terreur si grande, qu'elles semblent avoir perdu jusqu'à l'instinct de la conservation, et qu'elles restent là, mornes, abattues, tremblantes, incapables de remuer un membre pour fuir ou s'échapper.— Alors la chasse est terminée : les Indiens se ruent sur les bêtes inoffensives, tondent les unes, tuent les autres, se partagent les dépouilles opimes que le gouverneur leur abandonne, et s'en retournent bientôt vers leurs demeures, ivres, non pas précisément de gloire, mais de libations trop fréquemment répétées d'eau-de-vie et de chicha.

Mais lorsque parmi les Vigognes se glisse un Guanaco, le résultat de la chasse change de physionomie : car cet animal, plus fort, plus franc dans ses allures et plus hardi en face du danger, ne se laisse pas intimider par le papillotage des touffes et des banderoles de laine ; il franchit bravement la corde, et aussitôt son exemple est suivi par toute la bande des Vigognes, qui à leur tour bondissent et disparaissent comme par enchantement. Aussi est-ce pour se débarrasser des Guanacos que les Indiens se munissent principalement de fusils et de frondes. Ils manient cette dernière arme avec une adresse sans égale. Au moment de tendre la corde et de former l'hémicycle, s'ils s'aperçoivent qu'un Guanaco est enfermé avec les Vigognes, ils lui lancent tous les projectiles dont ils disposent, le tuent à coups de balles, et mettent à sa poursuite toute leur meute de chiens dressés à cet usage.

La peau des bêtes tuées et les toisons coupées sont de droit la propriété du *gobernador*, le gouverneur ordonnateur de ces chasses; mais rarement ce dernier a lieu de se féliciter du résultat de ces expéditions : les frais de toute nature qu'elles occasionnent et les dépenses obligatoires en provisions de vivres, de coca, de tabac, de chicha et d'eau-de-vie pour l'entretien de la troupe de chasseurs, absorbent souvent et au delà le bénéfice qu'il retire de la vente des dépouilles.

LES INDIENS

DE LA SIERRA

C'est dans les mornes solitudes de la Puna, sur les immenses plateaux des Andes, où le sol se couvre de givre, aussitôt que l'ombre a remplacé le soleil, où les ruisseaux qui jaillissent des rochers murmurent pendant le jour et dorment pendant la nuit sous une prison de glace, où l'œil ne rencontre qu'un enchevêtrement confus de monts sillonnés de rides profondes creusées par d'anciennes éruptions volcaniques et de colosses de granit aux flancs âpres et durs et à la tête éternellement blanche de neige; c'est dans ces lieux désolants, où il manque les choses les plus nécessaires à l'existence, que les Indiens ont établi leurs demeures et leurs parcs à Lamas et à Alpacas.

Une *chosa*, espèce de cabane mesurant 4 mètres de long sur 3 mètres de large, compose leurs logis, dont les murs sont formés d'éclats de granit de toutes dimensions, entassés les uns sur les autres et dont le toit, à double pente, sans cheminée et sans ouverture, est fait de paille, d'herbe sèche et de boue. Pas de fenêtre, pas de lucarne, pas même de meurtrière !... L'air n'a d'accès dans cette hutte que par la porte d'entrée, si toutefois un trou ébréché d'un mètre carré d'ouverture et percé dans le mur à 30 centimètres au-dessus du sol, peut mériter ce nom. Cette élévation est nécessaire pour parer aux inconvénients des inondations intérieures, au moment de la crue des pluies et de la fonte des neiges. Un encadrement de bois, recouvert d'une peau de vache, bouche ce trou par lequel on n'entre dans la cabane que plié en deux.

Aussitôt qu'on y pénètre, une odeur fétide menace de vous

y asphyxier, une obscurité profonde vous environne, et la ligne lumineuse du jour qui filtre avec un vent coulis à travers l'entrebâillement indécis formé par l'angle du mur et la peau de vache servant de portière, produit l'effet d'un soupirail ouvert sur un égout ! Cependant l'œil s'habitue peu à peu à l'obscurité, on devient nyctalope, et bientôt on distingue vaguement les parois de ce bouge qui sert tout à la fois de logement, de cuisine, d'office, de cave, de dortoir et de basse-cour. De chaque côté, et adhérant à la muraille dont il occupe toute la longueur, se trouve maçonné, sous forme de banc de 80 centimètres de largeur sur 40 à 50 centimètres de hauteur, une espèce de parapet de pierres, criblé à sa base d'une multitude de trous ; ces petites ouvertures conduisent à des compartiments se communiquant, appelés *poyos*, qui servent de demeure et de retraite à une innombrable nichée de *Jaccas* ou cochons d'Inde. Il n'est point d'habitation d'Indiens qui n'abrite sous son toit une armée de ces petits animaux remuant, grognant, grignotant et rapaces, hôtes familiers et habitués indispensables qui remplissent le réduit de leurs cris monotones, couvrent le sol de déjections continuelles et se multiplient comme par enchantement (1).

En face la porte d'entrée est située la *bichara* ou l'âtre. Ce foyer, d'un pied d'élévation, consiste généralement en un assemblage de quelques pierres cimentées avec de la terre détrempée et reposant sur le sol. Il présente trois ouvertures se correspondant en sous-œuvre, destinées chacune à recevoir *una olla* ou marmite du pot-au-feu. Du maïs, des herbes, des Chunos, du Charqui et de l'Agi ou Piment constituent le fond des provisions alimentaires de ces aborigènes.

Quand la bise glaciale souffle dans ces lieux sauvages et bat avec furie cette misérable cahute exposée aux quatre vents du ciel, sur son plateau aérien, la portière en peau de vache,

(1) Le Cochon de l'Inde est si précoce, a dit Buffon, qu'il procrée au bout de cinq à six semaines d'existence. Dans les pays chauds un couple suffit pour en avoir un millier dans un an. Il mange à toute heure du jour et de la nuit, ne boit jamais et cependant il jette l'eau à tout moment.

énergiquement secouée, semble livrer passage aux frimas mordicants du pôle. De temps en temps, l'Indienne du logis, pour révivifier l'ardeur de la *bichara*, jette quelques poignées d'herbes sèches sur la *tacquia* à moitié éteinte, et ces combustibles ne tardent point à dégager une fumée épaisse et suffocante; car l'âtre n'ayant aucun conduit extérieur et le logis aucune ouverture, sauf la porte d'entrée qu'on s'efforce de tenir aussi hermétiquement close que possible, cette fumée ne trouvant pas d'issue, se condense, se roule sur elle-même, enlace ses anneaux et s'épaissit tellement que le voyageur constate avec effroi qu'il se sent étouffer et que ses paupières semblent en proie à des picotements d'aiguilles. Heureusement de temps en temps le vent, en soulevant la peau de vache, vient rafraîchir cette atmosphère et exciter la bichara fumeuse; bientôt quelques étincelles s'échappent du foyer, une flamme en jaillit pareille à un doigt lumineux au milieu de ces ténèbres, comme pour en montrer les profondes horreurs!... Quel spectacle! Non, jamais je n'ai ressenti une sensation plus triste et plus navrante que la première fois que j'entrevis pendant l'éclair de cette rapide clarté, l'intérieur d'une *chosa* d'Indiens! Ici, sur de vieilles peaux étendues sur un sol jonché de rognures de pommes de terre, au milieu de décombres sans nom, vivent, mangent, dorment, grouillent, se chauffent et s'engraissent, pêle-mêle et dans un désordre indescriptible, femmes, enfants, hommes, vieillards, chiens et cochons d'Inde. Là, ce monceau d'objets informes qui ressemble à un tas d'ordures, ce sont les provisions, les vivres. Plus loin, des enfants demi-nus sont couchés sur des défroques entre un octogénaire en haillons et un *golgo* ou chien, mangé de vermine! Au dehors, la meute de tous les vents déchaînés hurlant à la porte, tandis que les Indiennes en guenilles, vont, viennent, leur dernier-né suspendu sur le dos, et préparent en cet état la pitance de la famille. C'est un tableau à fendre le cœur, à faire pleurer. Et cependant, ô contraste étrange! la joie habite dans ce bouge. Toutes ces figures tristes ont des sourires. Cette misère a des rayonnements. Ces gens-là sont heureux! — Est-ce possible?

— Oui, cela est. La Providence opère ces miracles, car elle place auprès du berceau de tous les êtres créés les éléments nécessaires à leur bonheur. L'homme, avide de jouissance, insatiable dans ses désirs, esclave de son ambition, a dérangé cet équilibre, cette sage mesure, en étendant le cercle de ses besoins, source de privations continuelles ; mais ces pauvres enfants de la Sierra, à demi sauvages, sont pareils à l'oiseau qu'un grain de mil contente ; leur ambition ne franchit pas les limites de leurs parcs à Lamas, et ils ne changeraient pas leur sort contre celui d'un roi.

Il est à remarquer néanmoins que les Indiens de nos jours, à part les *Chunchos* qui habitent par tribus l'immense territoire inconnu (*desconocida*) du Pérou, embrassant des cents lieues carrées, depuis les vallées de *Paucartambo* jusqu'au Brésil, ne sont plus que des êtres dégénérés, ayant perdu ce caractère de fierté sauvage qui distinguait la vieille race des descendants de Manco-Capac. Le contact de la civilisation européenne les a dépouillés de leur nature primitive comme elle les a dépouillés de leurs peaux de bêtes pour les affubler de haillons européens. Les conquérants les ont asservis sous un joug despotique, et d'un peuple jadis actif et laborieux, ils ont fait un troupeau d'esclaves. Il serait à désirer que le gouvernement actuel prît des mesures efficaces pour relever ces hommes, en les initiant aux devoirs et aux bienfaits de l'ordre social.

TONTE
DE L'ALPACA

La tonte de l'Alpaca ou Pacocha ne devrait jamais se faire qu'au bout de deux ou trois ans après chaque coupe : c'est le temps normal que met une toison pour repousser à sa grande croissance.

Malheureusement il n'en est point ainsi ; car, à quelques rares exceptions près, ces animaux étant élevés par les pauvres Indiens, ceux-ci, dans une foule de circonstances, sont obligés d'opérer des tontes prématurées. Tantôt c'est le *gobernador* ou gouverneur, ou le curé de la province, ou bien, dans certains départements comme celui de Cuzco, c'est le *cacique*, qui tous, en vertu d'un pouvoir illimité et sans contrôle, ordonnent aux éleveurs de tondre leur bétail, alors même que la laine est arrivée à peine à son tiers de croissance ; d'autres fois, ce sont les Indiens eux-mêmes, aux prises avec les nécessités du moment, qui pratiquent de leur chef cette déplorable opération avant terme, soit pour remplir des engagements contractés ou pour solder en marchandises des avances d'argent presque aussitôt dissipées que reçues. Quand les circonstances sont favorables aux affaires de négoce, à la spéculation sur les achats de laine, il n'est point rare de voir le gouverneur du district parcourir en personne la Sierra des Indiens, et leur ordonner séance tenante la tonte de la totalité ou d'une partie de leurs troupeaux.

Ces coupes précoces et forcées, non-seulement sont ruineuses pour les propriétaires d'Alpacas, mais elles sont très-nuisibles au développement de l'espèce ; elles occasionnent même des perturbations sensibles dans l'économie animale, et je ne crains point d'avancer qu'elles causent tous les ans une mortalité considérable.

Généralement la tonte de l'Alpaca commence, dans toute la Sierra, avec la saison des pluies, c'est-à-dire à partir du mois de novembre, et elle dure jusqu'à la fin du mois de mars; faite avant ou après cette époque, elle a des conséquences fâcheuses pour l'animal. Un Indien un peu à son aise, à moins d'en être empêché par la volonté impérieuse de l'autocrate de l'endroit, choisira toujours de préférence le mois de janvier comme étant le mois le plus humide et le plus chaud de l'année, et par conséquent le plus propice pour faire cette opération. Quand une coupe a eu lieu avant le mois de novembre, ce qui n'arrive que par suite des circonstances citées plus haut, on l'appelle, en quichua, *nuccachi*, et en espagnol, *transquiladura prematura* (coupe prématurée ou avant terme).

Lorsque l'Indien fait la tonte de son troupeau, il laisse subsister aux mères et aux femelles une touffe de laine sur le côté droit de l'estomac, près du ventre, afin de garantir du froid les parties génitales; sans cette précaution, il est persuadé que l'intéressant animal serait exposé à périr, ou tout au moins à devenir stérile, et l'expérience lui a maintes fois donné raison.

TRAFIC

DES LAINES D'ALPACAS

PAR LES INDIENS

Les Indiens n'ont aucun rapport direct avec les maisons de commerce du pays et de l'étranger; leurs cabanes, situées et éparpillées dans les pampas des hautes Cordillères, les tiennent éloignés de tout centre industriel, et leurs mœurs, leurs habitudes et leur manière de vivre en font une caste à part qui se trouve mal à l'aise et reste isolée au sein de la société. Rarement ils quittent leur séjour de frimas. Cependant, à certaines époques de l'année, telles que la fête du village de leur province ou celle de la *capilla* (1), ils se réunissent et descendent en foule la pente des montagnes pour se rendre à ces rendez-vous populaires. Là, après avoir assisté au service religieux, ils sont abordés par les acheteurs de laines, et ils s'engagent envers eux à des livraisons à terme, en échange d'avances en argent qui sont bientôt converties en provisions et dissipées en réjouissances. L'argent, par sa valeur intrinsèque, ne les tente guère : un harpagon parmi eux serait un être phénoménal, introuvable; mais en revanche, il n'existe peut-être pas un seul Indien qui hésite un instant à compromettre la tonte future de ses Alpacas en vue de se procurer une certaine quantité de coca, de maïs, de chuños, d'eau-de-vie, ou de *bayeta*, espèce d'étoffe de laine grossière-

(1) La *capilla* est une petite chapelle au milieu de la Puña, fondée sous le patronage d'un saint ou d'une sainte. Lorsque arrive le jour de sa fête, un prêtre vient y dire la messe, et tous les Indiens du canton s'y rendent en foule. Les spéculateurs profitent de ces réunions pour y rencontrer les éleveurs de Lamas et d'Alpacas, et passer avec eux des marchés de laine.

ment travaillée par les indigènes, avec laquelle les Indiennes se confectionnent des *polleras* ou jupons.

Autant que possible, les Indiens évitent de traiter avec leur gouverneur, leur curé ou leur cacique : ce que j'ai dit relativement aux tontes prématurées et forcées, que ces autorités décrètent de leur chef, serait un motif suffisant pour faire comprendre cette répugnance, si, à ces premiers abus, ne s'ajoutaient de nouveaux griefs qui viennent encore la provoquer et la justifier. Car non-seulement ces fonctionnaires spéculateurs font tondre les troupeaux au gré de leur fantaisie, à mesure de leurs besoins et sans tenir compte du plus ou moins de développement de la toison des animaux, mais ils s'attribuent encore le droit arbitraire de bénéficier d'une façon notable sur le cours établi de cette marchandise qu'ils accaparent impérieusement à prix réduits. Cependant, malgré l'ascendant qu'ils exercent sur l'esprit du timide et craintif Indien, malgré les représailles ruineuses qu'ils lui réservent en cas d'insoumission, il est à remarquer que rarement les promesses qu'ils en obtiennent reçoivent leur exécution, et que les engagements contractés sous les fourches caudines de leur despotisme ne s'accomplissent jamais intégralement. Toujours l'Indien en élude une partie : car n'osant résister par la force, il se défend par le dol et par la ruse. Tant il est vrai que la mauvaise foi enfante la fraude.

Quoique insouciants de l'avenir, les enfants de la Sierra font preuve d'une certaine prévoyance dans leur manière d'engager et de diviser la vente anticipée de leur récolte de laine, qu'ils partagent en trois lots d'une valeur égale, calculée approximativement d'après les résultats des années précédentes. Le premier tiers se trouve infailliblement absorbé par les exigences des autorités locales ; le deuxième tiers est destiné aux acheteurs ambulants qui les recherchent dans les réunions et les fêtes populaires, et le troisième tiers forme leur réserve. Avec les autocrates du pays, l'Indien ne discute pas le marché, il le subit. Mais il n'en est pas de même avec les autres classes de spéculateurs : il déploie, à leur égard, une certaine tactique qui ne manque pas d'habileté. Ainsi, sur les marchés publics, il se laisse aborder par le plus grand nombre d'acheteurs possible, envers lesquels il ne peut naturellement s'engager à livrer à chacun qu'une faible quantité de laine; puis il joue à la hausse, c'est-à-dire qu'il suscite des difficultés, et semble prêt à abandonner le marché et à se retirer dans ses montagnes, où certes les acheteurs ne se soucient point d'aller le rejoindre. Bien ou mal joué, ce simulacre de retraite produit toujours son effet; les acheteurs reviennent à la charge, surenchérissent sur leurs offres, et finissent par *attendrir* le rusé Indien, qui ne conclut définitivement l'engagement de livraison qu'après avoir reçu de chaque intéressé le *regalo* de rigueur. Le *regalo* est une libéralité consistant en une poignée de coca ou en une bouteille d'eau-de-vie offerte dans le but de provoquer une conclusion favorable, quand le débat se prolonge. Mais cette manœuvre est tellement connue par les Indiens, qu'ils l'exploitent à leur profit, au détriment de la générosité des acheteurs.

Lorsque le contrat est passé entre les parties, l'Indien reçoit séance tenante une somme d'argent qui représente la moitié de la valeur des laines vendues, livrables après les tontes prochaines, le reliquat restant ne devant lui être versé qu'après la livraison accomplie. Mais comme il arrive presque toujours qu'entre la date de ce contrat de vente et l'époque de la livraison, les avances que l'Indien a reçues ont été absorbées en provisions de toute nature, et que sa cabane se trouve vide de denrées alimentaires, le dernier tiers de sa récolte, qui forme sa réserve de laine, lui devient alors d'un grand secours. Alors il profite du passage de quelques spéculateurs intrépides qui, de loin en loin, apparaissent dans ces régions glaciales, attirés par l'appât d'un gain plus considérable; et après les avoir d'abord éconduits avec les mêmes intrigues et en avoir reçu la gratification du *regalo*, il finit par leur céder aux conditions habituelles une partie ou la totalité de ce qui lui reste de laine présumée après la tonte.

Lorsque les Alpacas ont été délivrés de leur toison, les Indiens transportent à domicile les parties de laine attribuées aux autorités locales. Ces livraisons, quoique *officielles*, laissent toujours à désirer sous le rapport d'une équitable exécution. Mais la fraude est autrement manifeste dans leurs rapports avec les acheteurs particuliers. Ces derniers, à l'époque de la tonte, sont obligés de gravir les montagnes, et d'aller, avec des bêtes de charge, d'*estancia* en *estancia*, ramasser la laine que les Indiens leur préparent en tas dans un coin de leur cabane, et dont la quantité n'équivaut jamais à l'importance des avances qui ont été données.

Cependant cette mauvaise foi ne régit pas toute la caste indienne : dans certaines contrées plus rapprochées de la côte et dont les habitants sont plus souvent en contact avec la société, on rencontre une population plus honnête, ayant acquis un léger vernis des usages consacrés, et offrant, jusqu'à un certain point, des garanties morales. Mais il est curieux et même instructif d'observer que ce retour de la race indienne vers l'équité et la justice ne se remarque que chez les Indiens affranchis du joug arbitraire et des exactions des autorités locales. Ce rapprochement n'est-il pas comme un enseignement qui démontre que les mauvais exemples qui viennent d'en haut sont des fruits empoisonnés qui préparent la décomposition morale d'un peuple? Les Indiens réformés, dont je m'occupe en ce moment, habitent les versants de la montagne de *Tacora*, aux pentes inclinées vers *Moquegua* et *Tacna*, et célèbre par ses pâturages et son charqui. Quand arrive l'époque des *compromisas* ou compromis, ils se rendent à Tacna, et prennent directement avec les négociants en gros des engagements pour l'année; agissant sans aucun intermédiaire, ils jouissent du maximum du cours et profitent de tous les avantages. D'un autre côté, l'acheteur préfère avoir directement affaire à eux : il obtient ainsi une suppression d'ennuis et de retards, et une augmentation de garantie, car il n'est pas obligé de passer par la filière douteuse et interminable des courtiers de la Sierra, et il peut surveiller lui-même l'exécution des marchés qu'il contracte avec des éleveurs forcément obligés de communiquer avec lui et avec les autres maisons qu'ils ont tout intérêt à servir loyalement.

Les Indiens de Tacna sont généreux et prodigues. Quelle que soit l'importance des bénéfices qu'ils réalisent, ils ne s'en retournent jamais chez eux sans emporter en vivres et en boissons pour la valeur entière des opérations qu'ils ont faites. Mais, un fait assez étrange, c'est que malgré la teinte de civilisation qui les distingue des Indiens de la Sierra, des départements de Puno et du Cuzco, malgré la fréquentation des gens policés avec lesquels ils entretiennent des relations suivies, ils ont conservé un éloignement invincible pour tout ce que nous appelons le *confortable* de la vie. Cette espèce de civilisation physique qui pousse l'homme à s'occuper de son bien-être leur est totalement inconnue. Non-seulement ils s'abstiennent rigoureusement de tout commencement de luxe, mais ils se privent des objets les plus nécessaires, et jusqu'ici ils n'ont apporté aucune modification tendant à améliorer l'intérieur de leurs cabanes qui, pareilles aux *chosas* des Indiens de *Pitumarca*, sont de véritables étables dans lesquelles ils vivent comme des porcs.

Rusés et trompeurs de nature, les Indiens mélangent souvent aux laines du premier choix une laine bien inférieure provenant du Lama, et assez semblable, au toucher et à la couleur, à celle qui pousse sur la poitrine de l'Alpaca mâle. Mais, pour peu que l'acheteur soit initié à ce genre de commerce, il ne tarde pas à découvrir cette fraude. La laine du Lama est en effet infectée d'une odeur tellement désagréable, qu'elle se dénonce immédiatement à l'odorat. Cette puanteur réellement repoussante, que les Indiens appellent en quichua *junuc*, se transmet même au produit du croisement du Lama avec l'Alpaca. Ce métis se nomme *guariso*. Mais il existe un moyen matériel, d'une exécution très-simple, de constater s'il y a mélange de laine inférieure : c'est de prendre au hasard dans le tas quelques mèches, de les lisser à tour de rôle entre les doigts et d'en opérer brusquement la rupture. Si la mèche renferme un peu de laine de Lama, celle-ci, âpre, dure et cassante, *se brisera sec* comme coupée au couteau, tandis que celle de l'Alpaca, plus douce, plus soyeuse et plus élastique, glissera entre les doigts, et si elle se rompt, la cassure sera longue, effilée et complétement distincte.

Il s'exporte annuellement, du Pérou pour l'Europe, de 18 à 20 000 quintaux de laine d'Alpaca, qui, vendus au prix moyen de 55 piastres le quintal, représentent environ une somme de 5 millions de francs. Le sud du Pérou fournit au moins les deux tiers de ces livraisons.

Voici le tableau comparatif de la quantité de laine approximativement produite par chacune des provinces du Sud :

Département de Puno.		Département du Cuzco.	
Chucuito	3000 quint.	Lampa	800 quint.
Huancané	1500 —	Sicuani	2700 —
Azangaro	700 —	Chumbivilcas	1500 —
		Aymaraes	2300 —
	5200 quint.		7300 quint.

Le prix de la laine d'Alpaca subit des cours très-variables. Les caciques dans le département du Cuzco, ainsi que les curés, les gobernadors, les juges, en un mot, tout ce qui est *autorité* dans les autres départements, achètent la laine à l'Indien à raison de 20 piastres (ou 100 francs) le quintal; une grande pénurie de marchandise peut faire monter ce prix à 30 piastres. Ces premiers accapareurs la vendent aux courtiers et aux spéculateurs de 35 à 45 piastres (de 175 à 225 francs), et ces derniers la livrent ensuite aux maisons de gros de Tacna et d'Aréquipa ou de la côte, au prix de 50 à 65 piastres (de 250 à 325 francs de notre monnaie). Le prix, en février 1864, était, à Aréquipa, de 66 piastres, soit 330 fr.

DE

L'ACCLIMATATION EN FRANCE

DES

BÊTES A LAINE DES ANDES

Depuis la conquête du Pérou, plusieurs tentatives ont été faites pour introduire et acclimater en Europe les bêtes à laine originaires des Andes. Tour à tour d'illustres savants, de grands naturalistes, d'intrépides voyageurs, et même des têtes couronnées, se sont vivement préoccupés de cette question dont la solution doit procurer des avantages incontestables à notre commerce, à notre industrie et à notre agriculture. Je n'ai point la prétention de faire l'historique de ces entreprises, de rechercher les causes de leurs avortements ou de leurs insuccès (ce travail me serait d'ailleurs impossible dans cette contrée, où il me manque le premier document); non, je tiens seulement à constater les efforts qui ont été faits dans ce but depuis que Buffon a jeté le germe de cette idée en Europe, sans qu'aucune de ces tentatives, conduites à travers mille périls et mille obstacles, et souvent avec un désintéressement au-dessus de tout éloge, ait répondu à l'attente générale et à l'espoir des novateurs.

Malgré ces résultats négatifs et malgré les sacrifices énormes que ces grandes entreprises nécessitent, le zèle des hommes d'élite qui se sont voués à la réalisation de cette œuvre d'utilité publique, ne s'est point refroidi, et aujourd'hui la Société d'acclimatation lui imprime un nouvel élan sous la haute et intelligente direction de Son Excellence M. Drouyn de Lhuys.

En cherchant à introduire, à propager dans notre pays de nouvelles espèces d'animaux utiles, la Société s'impose pour tâche une noble mission. Honneur aux hommes qui s'illustrent par des services qui intéressent l'humanité entière ! Malheureusement, je crains que la Société impériale zoologique d'acclimatation ne puisse réaliser complétement la partie de son programme relativement à l'acclimatation du Lama, et surtout de l'Alpaca et de la Vigogne, en France. Ni les observations que j'ai faites sur les lieux mêmes, ni les renseignements que j'ai recueillis de la bouche des éleveurs indigènes; en un mot, rien ne m'autorise à m'associer à ces espérances, à partager cette conviction de voir bientôt paître, comme des moutons dans nos pâturages d'Europe, les ruminants des Cordillères.

Je base mon opinion sur les considérations suivantes que je livre à l'appréciation des hommes compétents.

La question de l'acclimatation présente une étude complexe : non-seulement il faut tenir compte de l'altitude des lieux, de la végétation qui y croît, de l'air qu'on y respire, mais encore de la composition des terrains et des émanations du sol, qui exercent aussi leur influence sur le pelage et même sur l'organisme des animaux.

Le Lama et ses congénères habitent les sommets neigeux des Andes, séjour de glace et de frimas presque inhabité et presque inhabitable, où ils se repaissent d'une espèce de gramen court, dru et tassé contre un sol raboteux. C'est là leur nourriture favorite ; on ne la rencontre dans aucune autre contrée du globe, et une expérience longue et attentive a prouvé depuis longtemps combien la nourriture influe sur la qualité de la laine. Les faire sortir de cette zone habituelle, les sevrer de cette nourriture particulière, c'est leur imposer une souffrance physique à laquelle aucun n'échappe, sauf peut-être le Lama, qui résiste plus facilement aux différences de température, et qui subsiste dans des endroits tempérés, tels que les *quebradas* du Cuzco, ou petites plaines fermées au bas des gorges des montagnes, où le thermomètre s'élève parfois, durant des mois entiers, de 14 à 16 degrés centigrades. Mais il faut observer que la proximité des montagnes aux flancs couverts de neige occasionne, aussitôt que le soleil a disparu, un froid presque aussi vif que celui qui règne sur les hauteurs de la puña. La froidure des nuits compense ainsi la trop grande chaleur du jour, et cependant, malgré cette transition qui opère une réaction tonique sur l'organisme de l'animal, en rétablissant dans l'atmosphère un équilibre plus en rapport avec sa constitution, il est à remarquer que jamais l'espèce ne s'y entretient aussi robuste, et que les petits qui y naissent sont chétifs et bien inférieurs à ceux qui viennent et demeurent dans les estancias. Ces observations ont été justifiées par des expériences journalières ; aucun traitement n'a pu combattre ni arrêter ces influences destructives, et tous les éleveurs sont unanimes à reconnaître que le Lama dégénère infailliblement dans son individu et dans sa progéniture, dès qu'il cesse d'habiter les régions élevées des Andes.

Faut-il donner, pour cause de cette dégénérescence, la privation de l'*ycho*, cette herbe favorite qui pousse à ras de terre, très-menue, un peu frisée, par petits bancs serrés et rapprochés les uns des autres, et dans laquelle le Lama trouve le suc nutritif aggloméré presque à la racine de la plante?... — C'est généralement l'opinion qui prévaut au pays, et qui, après réflexion, semble très-judicieuse, quand on examine la mâchelière de l'animal. En effet, cette mâchelière, comme celle des autres ruminants, ne possède de dents incisives qu'à la mâchoire inférieure, et contient vingt molaires rangées par cinq de chaque côté des mâchoires tant supérieure qu'inférieure. Les dents incisives, qui jouent le grand rôle, ne sont qu'au nombre de quatre ; mais, grâce à la nature prévoyante, elles s'allongent et s'avancent légèrement inclinées en avant, de sorte qu'elles font l'office d'une bêche pour soulever, soutirer et arracher du sol ce gramen presque sans tige, qui renferme toute la séve nutritive à sa racine. Il résulte de là que le Lama qui broute dans les estancias use et lime ses incisives au fur et à mesure de leur propension à croître, et les maintient, par ce frottement continuel contre un sol durci, dans une dimension et un état convenables au fonctionnement de la bouche ; tandis que le contraire a lieu, quand cet animal doit se nourrir avec de la *paja* (herbe coupée), de l'*alfalfa* (luzerne), comme cela arrive à Aréquipa, au Cuzco ou à Lima. Car, non-seulement cette nourriture est loin de stimuler son appétit et de lui être profitable comme sa pâture naturelle des Andes; mais ces herbes à longues tiges, laissant dans l'inaction ses incisives, celles-ci poussent démesurément et dans des proportions telles, que leur tranchant entame bientôt l'épiderme de la lèvre supérieure, ce qui rend cette intéressante bête incapable de se servir sans douleur de ses mâchoires. Alors elle cesse de se nourrir; si elle prend quelque aliment, elle le digère mal, le rejette et dépérit.

J'ai eu occasion de constater moi-même l'action funeste qu'exerce sur la santé des Lamas la suppression de leur nourriture ordinaire. J'ai possédé pendant près de cinq mois deux de ces animaux auxquels je n'avais d'autre pâture à offrir que les herbes de mon jardin et des tiges de maïs qu'un Indien m'apportait fraîchement coupées tous les jours. Ces approvisionnements renouvelés à temps furent d'abord très-bien accueillis par mes Lamas, que je nourrissais de ma main pour me les rendre familiers; mais bientôt leur appétit diminua, puis ils passèrent des journées entières sans boire ni manger. Dans le principe, ce changement me préoccupa peu, sachant que le Lama, de même que le Chameau, reste facilement quarante-huit heures et même davantage sans prendre aucun aliment, et que sa facilité de s'abstenir de boire est encore plus grande, par suite de l'abondante salive qu'il possède et dont il s'humecte le gosier et les lèvres à volonté. Cependant cette persistance à jeûner finit par me donner des inquiétudes, et je résolus d'étudier et d'approfondir les causes de cette sobriété alarmante, poussée jusqu'à la pénitence la plus absolue. Un jour donc, à l'heure de mes visites habituelles, je pus, grâce à la familiarité établie entre nous, les examiner à mon aise, sans exciter la bave d'indignation que ces nobles animaux lancent à la face de tout personnage indiscret; dociles à ma voix, ils se prêtèrent à mes investigations, et je ne tardai pas à remarquer, en visitant leur bouche, que la lèvre supérieure, naturellement fendue par le milieu, était rouge et enflée, et que les endroits reposant sur les incisives, poussées outre mesure, étaient injectés de sang. Je compris alors la cause de leur dépérissement, et je m'empressai de renvoyer mes pauvres bêtes chez un de mes amis qui habite la puña, où, en retrouvant leur *ycho*, elles reprirent un état de bien-être et de prospérité qu'elles ont conservé depuis lors.

En présence de ce fait acquis sous mes yeux, non point à l'étranger, ni même à la côte, mais dans le voisinage de leur demeure habituelle, ne suis-je pas en droit de mettre en doute la possibilité de leur parfaite acclimatation en Europe? Par quelle plante remplacera-t-on cette herbe particulière, ou plutôt ces herbes particulières qui leur sont si nécessaires? (car si le Lama, la Vigogne et le Guanaco se nourrissent d'*ycho*, l'Alpaca préfère une autre graminée appelée *sora*). L'expérience n'a pas encore démontré qu'en les semant sur les plateaux des Alpes et des Pyrénées, elles y prennent racine, et tout confirme au moins que cette transplantation présenterait des difficultés sans nombre, cette spécialité d'herbe exigeant une composition de terrain à part, une terre sèche, dure, raboteuse, au milieu d'une atmosphère froide et glaciale. La nature elle-même nous fournit cette démonstration, puisqu'il suffit d'explorer la puña, et d'observer la végétation des différents sites, pour se convaincre qu'elle ne fait croître ces herbes dans aucun endroit tempéré de la contrée, et qu'elle les a réservées pour les sommets des Cordillères.

Mais ce n'est pas tout, la question d'acclimatation des bêtes à laine des Andes révèle encore d'autres difficultés. La pesanteur de l'air, les fortes chaleurs, sont incompatibles avec le tempérament de ces animaux; elles les accablent, les incommodent tellement, que, dans cet état débilitant, je crois qu'ils prendraient en dégoût jusqu'à leur aliment favori. Je me demande donc, avec appréhension, si, transportés à des milliers de lieues de leur mère patrie, ils ne se trouveront pas dans un désaccord continuel avec leur nature et leur constitution, et si toutes ces causes réunies ne forment pas un obstacle réel à leur complète et franche naturalisation en Europe?

Je dois néanmoins consigner ici une observation qui paraîtra, à première vue, une contradiction avec ce qui précède : c'est qu'à certaines époques de l'année, les Indiens font hiverner leurs troupeaux de Lamas dans les quebradas de *Tacna* et de *Lluta* qui descendent du fameux cerro de *Tacora*, et que là, quoique exposés à une température de 22 degrés centigrades au-dessus de zéro, ces animaux engraissent d'une manière sensible, et qu'il en est de même de ceux que l'on fait séjourner dans les petites plaines de la province de *Tarapaca*, où la chaleur est encore plus grande. Ce phénomène provient de ce que le sel et le salpêtre abondent dans ces pâturages dont l'herbe, quoique n'étant point de l'*ycho*, ne prend jamais une grande croissance et reste courte, dure, tenace et ferme, par suite du voisinage des hautes montagnes environnantes couvertes de neige, dont les influences glaciales paralysent, la nuit, la végétation du jour, et répandent dans toute l'atmosphère cet air vif et pénétrant, ce tonique énergique qui produit le stimulant de l'appétit, en surexcitant les forces digestives de l'animal. Ces pâturages représentent en quelque sorte, pour les Lamas de la Cordillère, ce que sont pour les moutons de la France les prés salés des côtes de la Normandie et de la Bretagne. A la suite de cet hivernage, les Indiens tuent une partie de leurs troupeaux pour faire du *charqui*, ou viande séchée aux rayons du soleil ; car le charqui provenant de la province de Tacna est supérieur à tous les autres et jouit de l'estime de tous les consommateurs.

L'œuvre déjà tentée d'acclimater les Lamas en France me semble donc, sinon impossible, du moins difficile. — Y pourront-ils vivre ?... Oui, si l'on en a bien soin. — Y procréeront-ils ?... Peut-être !... Mais je doute que la race s'y maintienne dans un état de prospérité.

Malgré les relations et le commerce de laines établis depuis longtemps entre le Pérou et l'ancien continent, il semblerait qu'en Europe on ne se soit pas encore rendu compte de la valeur respective, au point de vue industriel, des divers ruminants des Andes ; car, dans toutes les études et projets d'acclimatation, le Lama, par une erreur inexplicable, a toujours eu, de toute l'espèce congénère, le malencontreux privilége d'être cité le premier. C'est là, je le répète, une erreur profonde; et si ceux qui furent dernièrement importés en France par les soins de l'infatigable et intrépide M. Eugène Roehn, l'ont été dans le but de faire multiplier l'espèce et d'en faire une question industrielle par l'exploitation de sa toison, je ne crains point d'affirmer que ce but est totalement manqué (1). En effet, et ceci n'a pas besoin de commentaire, il est avéré que la laine du Lama est d'une qualité tout à fait commune, bien moins prisée que celle du Mouton ordinaire, et ne jouissant que d'une estime médiocre, même chez les Indiens, qui ne l'emploient qu'à la fabrication de cordes, de frondes, de sacs et de quelques vêtements grossiers servant uniquement à leur propre usage. La laine du Mérinos, que nous utilisons en Europe, est aussi supérieure à celle du Lama qu'elle est inférieure à celle de la Vigogne. En conséquence, l'introduction du Lama en France doit être dégagée de toute question d'utilité pour l'industrie ou l'agriculture, et, quant à moi, je ne puis l'admettre qu'à titre de curiosité ou de sujet d'étude pour les naturalistes. Comme bête de somme, si cet animal rend dans sa patrie de précieux services, il ne saurait en être de même en Europe, où personne assurément ne songe à faire du Lama l'auxiliaire ou le compétiteur de l'Ane, du Mulet ou du Cheval; comme bête industrielle, le Lama ne peut lutter avec nos Moutons, dont la laine est de beaucoup préférable.

A quoi aboutiraient donc les énormes dépenses que nécessiterait son acclimatation, soumise à des chances si précaires? Car, en laissant de côté les immenses difficultés que présente cette périlleuse entreprise pour la mener à bonne fin jusqu'aux côtes de la France, il faudra placer ces mammifères dans des lieux choisis, en harmonie avec leur nature, tels que la cime des Alpes, des Cévennes et des Pyrénées; faire croître en ces endroits, si c'est possible, un gramen analogue à leur herbe favorite, et leur donner pour gardien cet enfant de la Sierra,

(1) En écrivant ces lignes, l'auteur ignorait que les animaux ramenés par M. Roehn, pour la Société, étaient bien des Alpacas et non des Lamas.

qui naît et grandit avec eux, qui connaît leurs habitudes, leurs besoins, leurs infirmités, pour leur venir en aide avec cette intelligence pratique et distincte qui échapperait à la perspicacité des pasteurs d'Europe.

Ah! s'il s'agissait d'assurer l'acclimatation des Vigognes, des Alpacas, voire même des Guanacos, la question changerait de face, et, comme Buffon, je m'écrierais : « Voilà la vraie » richesse, voilà la plus précieuse acquisition que puissent faire » l'agriculture et le commerce, et qui doit par la suite donner » à l'ancien monde des trésors plus considérables que toutes » les mines du Mexique et du Pérou n'en ont fourni jadis à la » couronne d'Espagne! » Malheureusement, si j'admets la possibilité de naturaliser le Lama, le moins intéressant pour les Européens de toute l'espèce congénère; si même j'admets, en le plaçant dans les conditions normales que je viens de décrire, qu'il puisse procréer et doter sa nouvelle patrie d'une race prospère et florissante, je ne puis adopter la même manière de voir à l'égard des autres ruminants, les seuls susceptibles d'accroître par la richesse de leur toison l'industrie agricole et textile de la France.

Le moindre déplacement et la plus faible variation dans la température sont, pour l'Alpaca, des causes de malaise et de souffrance; et telle est à ce sujet la crainte des Indiens éleveurs, qui sont à même d'être bons juges, que, lorsque par suite d'échanges et de trafics, ils sont forcés de conduire un troupeau de ces animaux chez un nouveau propriétaire, ils n'hésitent point à faire d'énormes détours sur la cime des montagnes, afin d'éviter les passages tant soit peu tempérés des plaines et des quebradas. Aucun animal n'est plus sujet que l'Alpaca à la maladie de l'arestin, espèce de lèpre toujours dangereuse et souvent mortelle. Or, si dans un voisinage aussi rapproché où les conditions de la vie animale diffèrent si peu des éléments du sol natal, la santé et la vie de l'Alpaca sont déjà compromises, ne doit-on pas en conclure que leur existence devient impossible sous les climats d'un autre hémisphère?

Supporteront-ils les fatigues et les privations d'un long voyage et d'une longue traversée?... Il est permis d'en douter; et s'il en réchappe quelques-uns sur une grande quantité, ce sera déjà un résultat magnifique. Mais ensuite, comment ferez-vous pour les faire subsister? Par quelle herbe remplacerez-vous la *sora*, cette nourriture indispensable? Quelle montagne d'Europe remplacera la Cordillère? J'avoue que toutes ces questions sont pour moi des problèmes fort difficiles ou insolubles. Et quant à l'espoir de les faire engendrer et de propager l'espèce naturalisée et en état prospère, je réponds que ce délicat animal ne procrée que dans certaines régions particulières des Andes; que hors de là il dégénère et devient stérile; qu'ainsi, dans le sud du Pérou même, les Alpacas qui vivent sur le versant de la Cordillère descendant aux quebradas du Cuzco, sont petits, faibles, chétifs et bien moins fournis en laine que ceux qui demeurent sur les hauteurs et les versants de la Cordillère des Andes, qui enchaîne les ramifications de toutes ces montagnes, et qu'il en est de même de la race élevée ou entretenue dans le district de Pitumarca (département du Cuzco), qui ne produit qu'une espèce bien inférieure en volume et en qualité à celle qu'on rencontre dans les estancias des districts d'Asaroma et de Corani (département de Puno). Et preuve convaincante de la justesse de toutes mes observations sur cette acclimatation en général, c'est qu'aussitôt qu'on transporte des Alpacas de la première province sur le territoire de la seconde, ceux-ci, alors même qu'ils auraient atteint leur maximum de croissance, puisent dans ces lieux de nouvelles forces, se développent, et ne tardent pas à devenir, au bout de quelques temps, aussi grands et aussi robustes que ceux de la race originaire de la contrée. D'où peut provenir un tel résultat? A quoi attribuer de pareils changements?... L'expérience répond : Ce développement, cette transformation, cette recrudescence de vitalité est due à l'ensemble des éléments indispensables à leur bien-être et à leur consommation, qui ne se trouvent réunis que dans certaines régions des Andes, et qui renferment le principe primordial de leur existence.

Quant à la Vigogne et au Guanaco, dont l'acquisition, celle de la Vigogne surtout, produirait des avantages incontestables à notre industrie, j'ai tout lieu de craindre, quoique leur acclimatation me semble plus facile que celle de l'Alpaca, que ces deux espèces sauvages ne se propageraient pas plus que l'autre sous le climat de la France. Habitués à vivre libres à plus de 12 ou 15 000 pieds au-dessus du niveau de la mer, au milieu d'une nature aride et sauvage, ne respirant qu'un air glacial, ne foulant sous les pieds qu'une terre durcie emprisonnée sous une croûte de neige, comment sera-t-il possible de placer ces animaux dans des conditions analogues? comment les habituer à la servitude et les faire produire dans la captivité? comment surtout les soustraire aux fortes chaleurs qui sévissent avec plus ou moins d'intensité pendant quatre à cinq mois de l'année de la Manche à la Méditerranée? Sans chercher bien loin, je trouve sous mes yeux des exemples frappants qui répondent négativement à la plupart des questions que je pose. Ainsi, dans les départements du Cuzco et de Puno, je connais particulièrement plusieurs *criadores* ou éleveurs chez lesquels j'ai été hébergé pendant mes excursions dans les Cordillères, et qui se sont appliqués à rendre la Vigogne à l'état de domesticité. Dans ce but, ils la font prendre lorsqu'elle est toute jeune, et ils l'élèvent avec autant de soins et d'égards que nous mettons à nourrir un chien de bonne race. Tant que l'animal ne quitte pas le séjour de l'éleveur, le ciel natal de ses montagnes, il vient bien, s'apprivoise à moitié, grandit et se développe; mais aussitôt qu'on le change de milieu, qu'on lui impose une demeure plus tempérée, telle que le Cuzco par exemple, il souffre, languit et meurt prématurément. Maintes tentatives conduites avec précaution, graduées avec intelligence, ont échoué au pays même. Cela ne fait-il pas pressentir l'échec inévitable réservé à ces mêmes entreprises dans un pays étranger? Mais en admettant qu'à force de prévenances, on parvienne à accoutumer la Vigogne et le Guanaco au climat de l'Europe, quel résultat aura-t-on obtenu? Ce premier succès répond-il de l'avenir de ces espèces? procréeront-elles? auront-elles des petits viables?... Je cherche en vain autour de moi un indice favorable à cette demande; partout, au contraire, les faits acquis et l'expérience me montrent l'insuccès au bout des essais qui ont été tentés.

A quoi servirait donc l'introduction en France d'un millier de Vigognes et de Guanacos qui, ne pouvant pas se reproduire, ne pourraient nous offrir que quelques tontes de leur laine en compensation des frais et des soins d'entretien énormes qu'ils nous auraient coûtés, et qui, dans leur stérilité, après un certain laps de temps, nous forceraient à recourir au pays originaire pour entretenir et renouveler l'espèce, sans profit et à force d'argent et de sacrifices? Car une loi péruvienne prohibe l'exportation de ces animaux ; de sorte qu'aux difficultés déjà si grandes de s'en emparer dans leur état sauvage, viennent se joindre les obstacles de leur sortie clandestine du territoire du Pérou, les périls de la mer et toutes les éventualités de leur acclimatation.

En résumé, le ruminant le plus intéressant de toute l'espèce congénère de l'Amérique méridionale, et qui mérite la convoitise de la France, c'est l'Alpaca. Quant au Lama, dont l'acclimatation offre bien plus de chances de succès et dont les services sont si nécessaires aux Indiens, son introduction en France, comme bête à laine ou de corvée, serait d'une inutilité complète. Tous les efforts doivent donc tendre à introduire et à acclimater l'Alpaca; mais c'est là, je le répète, une question qui se présente à moi sous la forme d'un problème presque impossible à résoudre (1).

Je reconnais bien qu'il peut exister dans les Jardins d'acclimatation des Alpacas en bon état, quoiqu'ils aient dû néanmoins y dépérir; mais il ne sera possible d'être fixé sur l'avenir de l'acclimatation de ces animaux, que lorsqu'on les aura vus reproduire des petits forts et robustes, et que surtout la toison de ces derniers aura conservé la même abondance et la même finesse.

Je désire sincèrement que mes craintes soient chimériques,

(1) Les résultats obtenus avec quelques-uns des animaux amenés en France par M. Roehn semblent de nature à inspirer plus de confiance dans l'avenir de l'acclimatation des Alpacas.

(*Note de la Société impériale d'acclimatation.*)

que l'évidence les anéantisse, que l'avenir me condamne comme un faux prophète ; mais, en attendant, j'ai cru utile de livrer ces réflexions à la sagesse des hommes éminents placés à la tête du mouvement régénérateur qui doit féconder et enrichir le sol et les forces productives de la France. Si je ne puis en tous points partager leurs convictions et leurs espérances, je partage du moins les nobles élans de cœur et les aspirations élevées qui les poussent vers ces vastes entreprises dignes de tous les succès, et qui leur assurent dans l'avenir la reconnaissance de l'humanité.

Je termine ici cette étude sur les bêtes à laine des Andes, dans laquelle j'ai passé en revue les difficultés de leur acclimatation en Europe et les principaux caractères que présente le trafic de leur laine par les Indiens. Ce mémoire est un résumé d'observations prises sur les lieux mêmes, pendant mon long séjour au milieu de l'Indiana péruvienne. Je me propose de le faire suivre d'une étude spéciale et plus développée sur le commerce des laines par les Indiens, au double point de vue de la décadence et de la prospérité de cette industrie au Pérou.

BIBLIOTHÈQUE IMPÉRIALE

BIBLIOTHEQUE NATIONALE DE FRANCE
3 7531 03988348 4

www.ingramcontent.com/pod-product-compliance
Ingram Content Group UK Ltd.
Pitfield, Milton Keynes, MK11 3LW, UK
UKHW020348250726
13967UKWH00005B/2169

9 782013 040372